高校土木工程专业规划教材

土木工程自主实验教程

主编 叶 青
主审 杨俊杰

中国建筑工业出版社

图书在版编目（CIP）数据

土木工程自主实验教程/叶青主编. —北京：中国建筑工业
出版社，2014.12
高校土木工程专业规划教材
ISBN 978-7-112-17590-1

Ⅰ. ①土… Ⅱ. ①叶… Ⅲ. ①土木工程-实验-高等
学校-教材 Ⅳ. ①TU-33

中国版本图书馆 CIP 数据核字（2014）第 290212 号

为了培养土木工程专业学生的工程意识与创新能力，在本科培养计划
中建议专门设立自主创新型实验课程，为此编写了本教程。本教程系统地
讲述了有关土木工程专业自主综合实验的目的、实验方法、实验组合、实
验技能和数据分析等，本教程共分为 7 章，内容包括土木工程材料自主综
合实验、土木工程测量自主实验、土力学自主实验、废弃物再生道路材料
配合比实验、桥梁结构自主实验、钢筋混凝土结构自主综合实验和钢结构
自主实验。

本教程采用了国家与行业最新技术标准和规范，可作为土木工程各专
业的教学用书，也可供土木工程设计、施工、科研、工程管理和监理人员
及研究生学习参考。

* * *

责任编辑：王 跃 吉万旺
责任设计：张 虹
责任校对：李欣慰 党 蕾

高校土木工程专业规划教材
土木工程自主实验教程
主编 叶 青
主审 杨俊杰

*

中国建筑工业出版社出版、发行（北京西郊百万庄）
各地新华书店、建筑书店经销
北京红光制版公司制版
北京市书林印刷有限公司印刷

*

开本：787×1092 毫米 1/16 印张：8¾ 字数：210 千字
2015 年 3 月第一版 2015 年 3 月第一次印刷
定价：**20.00** 元
ISBN 978-7-112-17590-1
（26811）

前　　言

　　土木工程专业是一个实践性很强的本科专业，在我国土木工程建设蓬勃发展的今天，要求每个土木工程专业的毕业生具有良好的基础理论知识，同时要求具有解决工程实际问题的能力和较强的工程创新能力。鉴于先前的实验课程以验证性实验为主，一般是根据相关课程编制实验指导书，学生根据指导书的要求开展实验。因此，为了培养学生的工程意识与能力，在本科培养计划中专门设立了自主创新型实验课程。

　　为了强化学生的能力训练，本教程是立足于学生自己选择课题、设计实验模型和制作试件等并在教师的指导下完成实验和写出相应的实验分析报告，为了帮助学生完成这样的自主创新型实验，特编制了本教程。本教程的编写目的是供学生在自主实验过程中自学为主，给学生一个实验的整体思路与基本步骤，同时注重实验结果的深入分析，以便产生新的思路和新的理论模型。

　　这是一次全新的尝试，对于编制一本全新概念的实验教程，大家都没有什么经验，观点也不统一，这些在本教程的内容中也可看出，作者们想通过这次尝试，可以听到同行们的意见，以便把这项工作做得更好，真正使学生受益。但由于编者在这方面的经验不足以及对实验理论的研究不足，加上时间紧，教程中必定存在不少错误，望同行给予指正。

　　本教程由浙江工业大学建筑工程学院的7位老师参加编写，由叶青教授担任主编，由卢彭真副教授、刘萌成副教授和张勇副教授（排名不分先后顺序）担任副主编，由杨俊杰教授担任主审，其中叶青教授编写了第1章，张豪教授编写了第2章，张勇副教授编写第3章，刘萌成副教授编写了第4章，卢彭真副教授编写了第5章，李沛豪副教授编写了第6章，张建胜副教授编写了第7章。杨俊杰教授对本教程提出了许多前瞻性的建议和建设性的意见，本教程的编写得到了浙江省土木工程专业实验教学项目的资助，编者们表示衷心感谢。

编者

2014 年 9 月

目　　录

第1章 土木工程材料自主综合实验

1.1 概　述

在大学二年级时，已经开设了《土木工程材料》课程，许多同学对水泥混凝土很感兴趣。

因此，在掌握了水泥与混凝土基本知识和进行过水泥与混凝土基本实验的基础上，编制本章内容，以引导学生进行自主综合实验。

当今的水泥材料，不仅仅只是通用硅酸盐水泥，而是以通用水泥为主再掺加矿渣和粉煤灰等的胶凝材料。当今的外加剂，更是多样化和功能化，以泵送剂为例，它由减水剂、缓凝剂、保坍剂、早强剂和引气剂等复配而成。

对于本科生，《土木工程材料》中的水泥和混凝土知识与当今实际应用的混凝土知识还有很大的差距。因此通过自主综合实验，可帮助学生在学习过程中实现从感性认识到理性认识的飞跃，可提高学生对当今混凝土材料的认识，可提高学生的科研和创新能力。

对于研究生，本章自主实验内容，也具有一定的参考价值。

1.2 混凝土材料力学性能和耐久性能的自主综合实验

1.2.1 实验A 矿渣或粉煤灰掺量对混凝土材料力学性能的影响

内容简介：设计一个泵送混凝土配合比，进行混凝土力学性能随矿渣或粉煤灰掺量变化的试验研究。例如，矿渣掺量为 15%、30%、40% 和 50%，或粉煤灰掺量为 10%、20%、30% 和 40%。力学性能包括抗压强度、回弹值、超声波传播速度、动弹性模量、抗弯强度、静力弹性模量和轴心抗压强度。学生人数 5 人，实验学时数 8。

A1　实验目的

学会设计泵送混凝土配合比，了解回弹仪、超声波检测仪和动弹仪等的构造与原理，掌握回弹仪、超声波检测仪和动弹仪等的正确使用方法。

A2　实验步骤

A2.1　泵送混凝土配合比设计

采用 42.5 级普通水泥等设计一个 C25 或 C30 或 C35 混凝土的配合比。具体参考《普通混凝土配合比设计技术规程》JGJ 55。表 1-1 为参考配合比。

泵送混凝土配合比（示意）　　　　　　　　　　　　　　表 1-1

C30	水胶比	砂率	体积密度	胶材比例		每方混凝土的原材料用量（kg）							坍落度（mm）
				水泥	矿渣	水泥	矿渣	粉煤灰	水	细骨料	粗骨料	泵送剂	
1	0.55	0.42	2380	1.00	0	345	0	0	190	775	1070	1.8	150
2	0.55	0.42	2380	0.85	0.15	293	52	0	190	775	1070	1.8	150

C30	水胶比	砂率	体积密度	胶材比例		每方混凝土的原材料用量（kg）							坍落度（mm）
				水泥	矿渣	水泥	矿渣	粉煤灰	水	细骨料	粗骨料	泵送剂	
3	0.55	0.42	2380	0.70	0.30	242	103	0	190	775	1070	1.8	150
4	0.55	0.42	2380	0.60	0.40	207	138	0	190	775	1070	1.8	150
5	0.55	0.42	2380	0.50	0.50	172	173	0	190	775	1070	1.8	150

A2.2 混凝土的拌制和有关试件的成型

混凝土的拌制：首先称好原材料，注意称量正确，并将泵送剂加入所需水中，将搅拌机等润湿；将细骨料、水泥、矿渣和粗骨料依次加入搅拌机中干拌 1～2min，加入拌合水再拌 2min；停止搅拌，倒出混凝土拌合物，再人工拌合。采用坍落度试验法测定该混凝土拌合物的和易性。混凝土试件尺寸和拌制混凝土数量参见表 1-2。

混凝土试件尺寸和拌制混凝土数量　　　　　表 1-2

	抗压强度	回弹值	超声波	动弹模量抗弯强度	静力弹性模量轴心抗压强度
试件尺寸（mm）	150×150×150			100×100×400	100×100×300
混凝土体积（L）	3.375×3＝10.125			4×3＝12	3×6＝18
合计混凝土体积	30.125L，实际需要拌 33～35 L 混凝土				

有关试件的成型：坍落度大于 70mm 的混凝土拌合物，宜用捣棒人工捣实。人工插捣时，拌合物应分两层装入试模，插捣底层时捣棒应达到试模底面，插捣上层时，捣棒应穿入下层深度约 20～30mm，捣棒应保持垂直，并用抹刀沿试模内壁插入数次，刮除试模上口多余的混凝土，待临近初凝时，用抹刀抹平。也即采用人工插捣，分两层加入混凝土，每层每 100cm² 插捣次数为 12。

试件制作后在室温（20±5℃）情况下静置 1～2 昼夜，然后编号和拆模。拆模后立即放置在（温度为 20±2 ℃，相对湿度为 95% 以上；或温度为 20±2℃ 的不流动的氢氧化钙饱和水溶液中）下，养护至 28d 或 60d 龄期。

具体参考《普通混凝土拌合物性能试验方法标准》GB/T 50080、《普通混凝土力学性能试验方法》GB/T 50081 和《普通混凝土长期性能和耐久性能试验方法》GB/T 50082。

A2.3 超声波检测混凝土抗压强度和均匀性试验

超声法确定混凝土抗压强度试验是建立在混凝土越密实，超声波传播速度越高的原理上的。因此，首先要测出超声波在该混凝土中的传播速度，然后可用经验公式将超声波声速转换成混凝土抗压强度。

仪器：非金属超声检测仪。耦合介质：可用黄油、凡士林和透明的牙膏等。

①非金属超声检测仪零读数的校正。

②建立强度—波速的关系。

试件数量，三个为一组，不少于 10 组（或 5 组）。

超声波测试：每个试件的测试位置如图 1-1 所示。在测点处涂上耦合剂，将换能器压紧在测点上，调整增益，读取时间读数（精确到 0.1μs）。确保发射和接收换能器的轴线应在同一轴线上，共测 5 个点。取其平均值作为试件混凝土中超声传播时间 t（μs）的测试结果。再测沿超声传播方向试件各边的长度（精确到 1mm），取其平均值作为传播距离 L（mm）。

按下式计算波速 v（km/s）：

$$v = 1000L/t \qquad (1\text{-}1)$$

混凝土立方体抗压强度（纵坐标）与超声在混凝土中的传播速度（波速）（横坐标）的关系，可绘制成强度—波速关系曲线，可用幂函数进行拟合，即 $f = av^n$。

具体参考《水工混凝土试验规程》DL/T 5150。

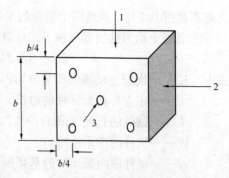

图 1-1　试件的测试位置
1—抗压测试方向；2—浇筑方向；3—超声、回弹测试方向

A2.4　混凝土的动弹性模量试验

①测定混凝土的动弹性模量，以检验混凝土在经受快速冻融或其他侵蚀作用后内部遭受破坏或损伤的程度，是一种实验室的非破损试验。混凝土的动弹性模量随着龄期的增加而增加。

②试验采用尺寸为 100mm×100mm×400mm 的棱柱体试件。

③试验设备应符合下列规定：

共振法混凝土动弹性模量测定仪：输出频率可调范围应为 100～20000Hz，输出功率应能激励试件使之产生受迫振动。

试件支承体：采用约 20mm 厚的软泡沫塑料垫，宜采用体积密度为 16～18kg/m³ 的聚苯板。

案秤：最大量程 20kg，感量 5g。

④混凝土动弹性模量试验应按下列步骤进行：

测定试件的质量和尺寸。试件质量的测量精度应在±0.5% 以内，尺寸的测量精度应在±0.1% 以内。每个试件的长度和截面尺寸均取 3 个部位测量的平均值。

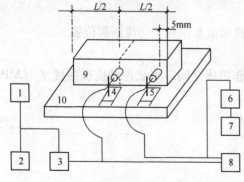

图 1-2　共振法混凝土动弹性模量测定基本原理示意图
1—振荡器；2—频率计；3—放大器；4—激振换能器；5—接收换能器；6—放大器；7—电表；8—示波器；9—试件（测量时试件成型面朝上）；10—软泡沫塑料垫

将试件安放在支承体上，并定出换能器接收点的位置，测量试件的横向基频振动频率时，其支承和换能器的安装位置可见图 1-2。将激振器和接收器的测杆轻轻地压在试件表面上，测杆与试件接触面宜涂一薄层黄油或凡士林或半透明的牙膏作为耦合介质，测杆压力的大小以不出现噪声为宜。

先调整共振仪的激振功率和接收增益旋钮至适当位置，变换激振频率，同时注意观察指示电表的指针偏转，当指针偏转为最大时，即表示试件达到共振状态，这时所显示的激振频率即为试件的基频振动频率。每一测量应重复测读两次以上，如两次连续测值之差不超过 0.5%，取这两个测值的平均值作为该试件的测试结果。

⑤混凝土动弹性模量应按下式计算：

$$E_d = 13.244 \times 10^{-4} \times WL^3 f^2 / a^4 \qquad (1\text{-}2)$$

式中　E_d——混凝土动弹性模量（MPa）；

　　　a——正方形截面试件的边长（mm）；

　　　L——试件的长度（mm）；

　　　W——试件的质量（kg）；

　　　f——试件横向振动时的基频振动频率（Hz）；

混凝土动弹性模量以每组 3 个试件的平均值作为试验结果，计算精确至 100MPa。

具体参考《普通混凝土力学性能试验方法》GB/T 50081。

A2.5　混凝土抗折强度试验

①主要仪器设备：压力实验机（选取吨位 100～150kN）；带有能使两个相等荷载同时作用在试件跨度 3 分点处的抗折实验装置（见图 1-3）。

②试件尺寸：100mm×100mm×400mm（非标准试件）。

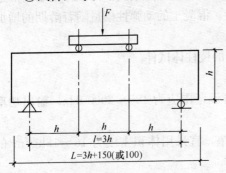

图 1-3　抗折实验装置

③实验方法与步骤：

试件从养护地取出后应及时进行实验，将试件表面擦干净。

按图 1-3 装置试件，安装尺寸偏差不得大于 1mm。试件的承压面应为试件成型时的侧面。

支座及承压面与圆柱的接触面应平稳和均匀，否则应垫平。

施加荷载应保持均匀、连续。当混凝土强度等级小于 C30 时，加荷速度取每秒 0.02～0.05MPa；当混凝土强度等级在 ≥C30 且 <C60 时，取每秒钟 0.05～0.08MPa；当混凝土强度等级大于等于 C60 时，取每秒钟 0.08～0.10MPa。至试件接近破坏时，应停止调整实验机油门，直至试件破坏，然后记录破坏荷载。

在实验报告册中记录试件破坏荷载的实验机示值及试件下边缘断裂位置。

④结果计算与数据处理。

若试件下边缘断裂位置处于两个集中荷载作用线之间，则试件的抗折强度 f_t（MPa）按下式计算（精确至 0.1MPa）：

$$f_t = \frac{Fl}{bh^2} \qquad (1\text{-}3)$$

式中　f_t——混凝土抗折强度（MPa）；

　　　F——试件破坏荷载（N）；

　　　l——支座间跨度（mm）；

　　　h——试件截面高度（mm）；

　　　b——试件截面宽度（mm）。

以三个试件的检验结果的算术平均值作为混凝土的抗折强度值，记录在实验报告册中。其异常数据的取舍与混凝土立方体抗压强度测试的规定相同。

三个试件中若有一个折断面位于两个集中荷载之外，则混凝土抗折强度值按另两个试件的实验结果计算。若这两个测值的差值不大于这两个测值的较小值的15%时，则该组试件的抗折强度值按这两个测值的平均值计算，否则该组试件的实验无效。若有两个试件的下边缘断裂位置位于两个集中荷载作用线之外，则该组试件实验无效。

当试件尺寸为100mm×100mm×400mm非标准试件时，应乘以尺寸换算系数0.85；当混凝土强度等级大于等于C60时，宜采用标准试件；使用非标准试件时，尺寸换算系数应由实验确定。

A2.6 混凝土轴心抗压强度试验

本试验方法适用于测定棱柱体混凝土试件的轴心抗压强度。试件尺寸主要为150mm×150mm×300mm、100mm×100mm×300mm 和 200mm×200mm×400mm。轴心抗压强度试验所采用压力试验机的精度为±1%。混凝土强度等级大于等于C60时，试件周围应设防崩裂网罩。

轴心抗压强度试验步骤应按下列方法进行：

①试件从养护地点取出后应及时进行试验，用干毛巾将试件表面与上下承压板面擦干净。

②将试件直立放置在试验机的下压板或钢垫板上，并使试件轴心与下压板中心对准。

③开动试验机，当上压板与试件或钢垫板接近时，调整球座，使接触均衡。

④施加荷载应保持均匀和连续。当混凝土强度等级小于C30时，加荷速度取每秒0.3～0.5MPa；当混凝土强度等级在≥C30且<C60时，取每秒钟0.5～0.8MPa；当混凝土强度等级大于等于C60时，取每秒钟0.8～1.0MPa。至试件接近破坏时，应停止加载并调整实验机油门，直至试件破坏，然后记录破坏荷载。

⑤混凝土试件轴心抗压强度应按下式计算：

$$f_{cp} = F/A \tag{1-4}$$

式中　f_{cp}——混凝土轴心抗压强度（MPa）；

　　　F——试件破坏荷载（N）；

　　　A——试件承压面积（mm）。

混凝土轴心抗压强度计算值应精确至0.1MPa。数据处理同混凝土立方体抗压强度。

⑥混凝土强度等级小于C60时，用非标准试件测得的强度值均应乘以尺寸换算系数，其值对200mm×200mm×400mm试件为1.05；对100mm×100mm×300mm试件为0.95。当混凝土强度等级大于等于C60时，宜采用标准试件；使用非标准试件时，尺寸换算系数应由试验确定。

A2.7 混凝土静力受压弹性模量试验

本方法适用于测定棱柱体混凝土试件的静力受压弹性模量（以下简称弹性模量）。

试验采用的试验设备应符合下列规定：

压力实验机（其测量精度为±1%，其量程应能使试件的预期破坏荷载值不小于全量程的20%，也不大于全量程的80%）。

微变形测量仪应符合国家标准第4.4节中的规定，使用2只千分表（0.001mm）。

静力受压弹性模量试验步骤应按下列方法进行：

5

①试件从养护地点取出后先将试件表面与上下承压板面擦干净。

②本次试验需要 6 个棱柱体试件，取 3 个试件按上述试验 2.6 进行测定混凝土的轴心抗压强度（f_{cp}）。另 3 个试件用于测定混凝土的弹性模量。

③在测定混凝土弹性模量时，变形测量仪应安装在试件两侧的中线上并对称于试件的两端。

④应仔细调整试件在压力试验机上的位置，使其轴心与下压板的中心线对准。开动压力试验机，当上压板与试件接近时调整球座，使其接触均衡。

⑤加荷至基准应力为 0.5MPa 的初始荷载值 F_0（5kN，对于 100mm×100mm×300mm 的试件），保持恒载 60s 并在以后的 30s 内记录每测点的变形读数 ε_0。应立即连续均匀地加荷至应力为轴心抗压强度 f_{cp} 的 1/3 的荷载值 F_a，保持恒载 60s 并在以后的 30s 内记录每一测点的变形读数 ε_a。

⑥所用加荷速度应符合"A2.6 混凝土轴心抗压强度试验"之④的规定。

⑦当以上这些变形值之差与它们平均值之比大于 20% 时，应重新对中试件后重复本条第⑤款的试验。如果无法使其减少到低于 20% 时，则此次试验无效。

⑧在确认试件对中符合本条第⑦款规定后，以与加荷速度相同的速度卸荷至基准应力 0.5MPa（F_0），恒载 60s；然后用同样的加荷和卸荷速度以及 60s 的保持恒载（F_0 及 F_a）至少进行两次反复预压，不需要记录千分表的变形。在最后一次预压完成后，在基准应力 0.5MPa（F_0）持荷 60s 并在以后的 30s 内记录每一测点的变形读数 ε_{00}；再用同样的加荷速度加荷至 F_a，持荷 60s 并在以后的 30s 内记录每一测点的变形读数 ε_{aa}（见图 1-4）。

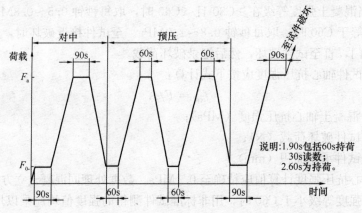

图 1-4 弹性模量加荷方法示意图

最好再进行 1 次或多次，直至前后两次的试件两侧变形的平均值（Δn）相差不大于 $0.00002L=0.00002×150=0.003$mm。即，$\Delta n_{最后1次}-\Delta n_{最后1次-1}$ 的绝对值 ≤0.003mm。

⑨卸除变形测量仪，以同样的速度加荷至破坏，记录破坏荷载；如果试件的抗压强度与 f_{cp} 之差超过 f_{cp} 的 20% 时，则应在报告中注明。

⑩混凝土弹性模量试验结果计算及确定按下列方法进行：

混凝土弹性模量值应按下式计算：

$$E_c = \sigma/\varepsilon = [(F_a - F_0)/A]/(\Delta n/L) \tag{1-5}$$

式中　E_c——混凝土弹性模量（MPa）；

F_a——应力为 1/3 轴心抗压强度时的荷载（N）；

F_0——应力为 0.5MPa 时的初始荷载（N）；

A——试件承压面积（mm²）；

L——测量标距（mm）。

$$\Delta n = \varepsilon_a - \varepsilon_0 \qquad (1-6)$$

式中　Δn——最后一次从 F_0 加荷至 F_a 时试件两侧变形的平均值（mm）；

ε_a——F_a 时试件两侧变形的平均值（mm）；

ε_0——F_0 时试件两侧变形的平均值（mm）。

混凝土受压弹性模量计算精确至 100MPa。

弹性模量按 3 个试件测值的算术平均值计算。如果其中有一个试件的轴心抗压强度值与用以确定检验控制荷载的轴心抗压强度值相差超过后者的 20% 时，则弹性模量值按另两个试件测值的算术平均值计算；如有两个试件超过上述规定时，则此次试验无效。

1.2.2　扩展实验 A-1　矿渣或粉煤灰掺量对混凝土材料抗碳化能力的影响

内容简介：设计一个泵送混凝土配合比，进行混凝土抗碳化能力随矿渣或粉煤灰掺量变化的试验研究。矿渣掺量为 15%、30%、40% 和 50%，或粉煤灰掺量为 10%、20%、30% 和 40%。碳化试验分为混凝土试件的自然碳化（空气中 CO_2 浓度为 0.04%，试验时间 7 个月或 13 个月）和实验室快速或加速碳化（箱内 CO_2 浓度为 20%，试验时间 2 个月）。学生人数 5 人，实验学时数 8。

A-1.1　实验目的

学会设计泵送混凝土配合比，了解混凝土碳化仪的构造与原理，掌握不同 CO_2 浓度间碳化深度和碳化年限的换算。

A-1.2　试验设备

碳化箱：带有密封盖的密闭容器，容器的容积至少应为预定进行试验的试件体积的两倍。箱内应有架空试件的铁架、二氧化碳引入口、分析取样用的气体引入口、箱内气体对流循环装置、为保持箱内恒温恒湿所需的设施以及温湿度监测装置。宜在碳化箱上设玻璃观察口对箱内的温度进行读数。

气体分析仪：能分析箱内二氧化碳浓度，精确至 1%。

二氧化碳供气装置：包括气瓶、压力表和流量计。

A-1.3　实验步骤

（1）泵送混凝土配合比设计（参考本章主要实验 A）

（2）混凝土的拌制和有关试件的成型（参考本章主要实验 A）

试件尺寸为 100mm×100mm×300mm，每组 3 个。

具体参考《普通混凝土拌合物性能试验方法标准》GB/T 50080、《普通混凝土力学性能试验方法》GB/T 50081 和《普通混凝土长期性能和耐久性能试验方法》GB/T 50082。

（3）混凝土试件碳化前的处理

试件一般应在 28d 龄期进行碳化，掺有掺合料的混凝土可以根据特性决定碳化前的养护龄期。碳化试验的试件宜采用标准养护，试件在试验前 2d 应从标准养护室取出，然后在 60℃ 温度下烘 48h。

经烘干处理后的试件，留下一个或相对的两个沿长度方向侧面暴露，其余表面应采用加热的石蜡予以密封。在暴露侧面上沿长度方向用铅笔以 10mm 间距画出平行线，作为预定碳化深度的测量点。

（4）混凝土快速碳化试验步骤

①将经过处理的试件放入碳化箱内的铁架上，试件暴露的侧面向上。各试件之间的间距不应小于 50mm。

②将碳化箱盖严密封。密封可采用机械办法或油封，但不得采用水封，以免影响箱内的湿度调节。开动箱内气体对流装置，徐徐充入二氧化碳，并测定箱内的二氧化碳浓度，逐步调节二氧化碳的流量，使箱内的二氧化碳浓度保持在 20±3%。在整个试验期间应采取去湿措施或者有关装置，使箱内的相对湿度控制在 70±5% 的范围内。碳化试验应在 20±2℃ 的温度下进行。

③每隔一定时期对箱内的二氧化碳浓度、温度及湿度作一次测定。宜在前 2d 每隔 2h 测定一次，以后每隔 4h 测定一次。根据所测得的数据随时调节二氧化碳浓度、温度及湿度，去湿用的硅胶应经常更换。

④碳化到了 3、7、14 和 28d 时，分别取出试件，破型测定碳化深度。棱柱体试件在压力试验机上用劈裂法从一端开始破型。每次切除的厚度为试件宽度的一半，用石蜡将破型后试件的切断面封好，再放入箱内继续碳化，直到下一个试验期。如采用立方体试件，则在试件中部劈开，立方体试件只作一次检验，劈开测试碳化深度后不再放回碳化箱重复使用。

⑤将切除所得的试件部分刮去断面上残存的粉末，随即喷上（或滴上）浓度为 1% 的酚酞酒精溶液（酒精溶液含 20% 的蒸馏水）。约经 30s 后，按原先标画的每 10mm 一个测量点用钢板尺测出各点碳化深度。如果测点处的碳化分界线上刚好嵌有粗骨料颗粒，则可取该颗粒两侧处碳化深度的平均值作为该点的深度值。碳化深度测量精确至 0.5mm。

⑥混凝土碳化试验结果计算和处理应符合以下规定：

混凝土在各试验龄期时的平均碳化深度应按下式计算：

$$d_t = \sum d_i / n \tag{1-7}$$

式中　d_t——试件碳化 t（d）后的平均碳化深度（mm），精确至 0.1mm；

　　　d_i——各测点的碳化深度（mm）；

　　　n——测点总数。

以在标准试验条件（即二氧化碳浓度为 20±3%，温度为 20±2℃，湿度为 70±5%）下的 3 个试件碳化 28d 的碳化深度平均值作为混凝土碳化测定值，用以对比各种混凝土的抗碳化能力以及对钢筋的保护作用。

以各龄期计算所得的碳化深度绘制碳化时间与碳化深度的关系曲线，以表示在该条件下的混凝土碳化发展规律。

（5）混凝土自然碳化试验步骤

①试件一般应在 28d 龄期进行自然碳化（空气中 CO_2 浓度为 0.04%，试验时间 7 或 13 个月），掺有掺合料的混凝土可以根据特性决定碳化前的养护龄期。碳化试验的试件宜采用标准养护，试件在试验前 2d 应从标准养护室取出，然后在 60℃ 温度下烘 48h。

②经烘干处理后的试件，留下一个或相对的两个沿长度方向侧面暴露，其余表面应采

用加热的石蜡予以密封。在暴露侧面上沿长度方向用铅笔以 10mm 间距画出平行线，作为预定碳化深度的测量点。

③将经过处理的试件放入连通大气的室内铁架上，试件暴露的侧面向上。各试件之间的间距不应小于 50mm。在整个试验期间，温度和湿度与大气相同，并记录试验日期、温度和湿度。

④自然碳化到了 28、60、90、180 和 365 d 时，分别取出试件，破型测定碳化深度。

⑤其余同第 A-1.3（4）条混凝土快速碳化试验步骤。

1.2.3　扩展实验 A-2　矿渣或粉煤灰掺量对混凝土材料抗氯离子渗透能力的影响

内容简介：设计一个泵送混凝土配合比，进行混凝土抗氯离子渗透能力随矿渣或粉煤灰掺量变化的试验研究。矿渣掺量为 15%、30%、40% 和 50%，或粉煤灰掺量为 10%、20%、30% 和 40%。试验方法主要有两种，电通量法和快速氯离子迁移系数法（RCM 法），本实验采用前者进行抗氯离子渗透试验。学生人数 5 人，实验学时数 8。

A-2.1　实验目的

学会设计泵送混凝土配合比，了解混凝土抗氯离子渗透仪（电通量法）的构造与原理，掌握不同的混凝土组成、电通量和抗氯离子渗透能力之间的关系。本方法适用于用混凝土试件的电通量指标来确定混凝土抗氯离子渗透性能或高密实性混凝土密实度的测定。用本方法所测得的指标适用于混凝土的质量控制。本方法不适用于掺亚硝酸钙外加剂的混凝土。

A-2.2　试验设备和化学试剂

电通量测试装置：试验应采用符合如图 1-5 所示原理的电通量测试装置。

直流稳压电源：0～80V，0～10A。可稳定输出 60V 直流电压，精度±0.1V。

耐热塑料或耐热有机玻璃试验槽：其结构尺寸如图 1-6 所示。

紫铜垫板和铜网：紫铜垫板宽度为 12±2mm，厚度为 0.51mm。铜网孔径为 0.95mm（64 孔/cm²）或者 20 目。

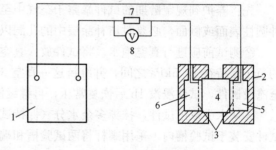

图 1-5　试验装置示意图
1—直流稳压电源；2—试验槽；3—铜网；4—混凝土试件；5—3.0%NaCl 溶液；6—0.3mol/L NaOH 溶液；7—标准电阻；8—直流数字式电压表

标准电阻和直流数字电流表：标准电阻精度±0.1%；直流数字电流表量程 0-20A，精度±0.1%。

真空泵：能够保持容器内的气压处于 1～5kPa。

真空容器：至少能够容纳 3 个试件。

真空表或压力计：精度±665Pa（5mm Hg 柱），量程 0～13300Pa（0～100mmHg 柱）。

真空干燥器：内径≥250mm。

用化学纯试剂配制的 3.0%NaCl 溶液（质量浓度）。

用化学纯试剂配制的 0.3mol/L NaOH 溶液。

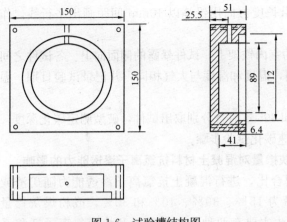

图 1-6 试验槽结构图

硅胶或树脂密封材料。

硫化橡胶垫：外径 100mm、内径 75mm 和厚 6mm。

切割试件的设备：可移动的、水冷式金刚锯或碳化硅锯。

烧杯：体积在 1000mL 以上。烧杯、真空干燥器、真空泵、分液装置和真空表组合成抽真空设备。

温度计量程 0～120℃，精度 0.1℃。

A-2.3 实验步骤

（1）泵送混凝土配合比设计（参考本章主要实验 A）。

（2）混凝土的拌制和有关试件的成型（参考本章主要实验 A）。

电通量试验试件尺寸为直径 $\Phi=100\pm1$mm，高度 $h=50\pm2$mm 的圆柱体试件，每组 3 个。

具体参考《普通混凝土拌合物性能试验方法标准》GB/T 50080、《普通混凝土力学性能试验方法》GB/T 50081 和《普通混凝土长期性能和耐久性能试验方法》GB/T 50082。

（3）电通量试验步骤。

①如试件表面有涂料等表面处理应预先切除，试样内不得含有钢筋。试样移送试验室前要避免冻伤或其他物理伤害。

先将养护到规定龄期的试件暴露于空气中至表面干燥，以硅胶或树脂密封材料涂刷试件圆柱表面或侧面，必要时填补涂层中的孔洞以保证试件圆柱面或侧面完全密封。

②测试前应进行真空饱水。将试件放入真空干燥器中，启动真空泵，使真空干燥器中的负压保持在 1～5kPa 之间，并维持这一真空 3h 后注入足够的蒸馏水或者去离子水，直至淹没试件，试件浸没 1h 后恢复常压，再继续浸泡 18±2h。

③从水中取出试件，抹掉多余水分（保持试件所处环境的相对湿度在 95% 以上），将试件安装于试验槽内，采用螺杆将两试验槽和端面装有硫化橡胶垫的试件夹紧。试验应在 20～25℃恒温室内进行。

④将质量浓度为 3.0% 的 NaCl 溶液和摩尔浓度为 0.3mol/L 的 NaOH 溶液分别注入试件两侧的试验槽中，注入 NaCl 溶液的试验槽内的铜网连接电源负极，注入 NaOH 溶液的试验槽中的铜网连接电源正极。

⑤接通电源（保持试验槽中充满溶液），对上述两铜网施加 60±0.1V 直流恒电压，并记录电流初始读数 I_0。开始时每隔 5min 记录一次电流值，当电流值变化不大时，每隔 10min 记录一次电流值；当电流变化很小时，每隔 30min 记录一次电流值，直至通电 6h。

⑥当采用自动采集数据的测试装置时，记录电流的时间间隔可设定为 5～10min。采用自动采集电流装置时应具备自动计算电通量的功能。电流测量值精确至 ±0.5mA。

⑦试验结束后，应及时排除试验溶液，用饮用水和洗涤剂仔细冲洗试验槽 60s，再用蒸馏水洗净并用电吹风（用冷风档）吹干。

⑧试验结果计算及确定应按下列方法进行：

A. 绘制电流与时间的关系图。将各点数据以光滑曲线连接起来，对曲线作面积积分，或按梯形法进行面积积分，即可得试验 6 h 通过的电通量（C）。

B. 可采用下列简化公式计算每个试件的总库仑电通量：

$$Q = 900(I_0 + 2I_{30} + 2I_{60} + \cdots + 2I_t + \cdots + 2I_{300} + 2I_{330} + I_{360})$$ (1-8)

式中　Q——通过的电通量（C）；

　　　I_0——初始电流（A）；

　　　I_t——在 t 时间的电流（A）。

本标准建立时是以直径为 95mm 的试件为标准试件的。如果试件直径不是 95mm，计算的通过总电通量必须调整。通过给计算的总电通量乘以一个标准试件和实际试件横截面积的比值来换算，即：

$$Q_s = Q_x \times (95/x)^2$$ (1-9)

式中　Q_s——通过直径为 95mm 的试件的电通量（C）；

　　　Q_x——通过直径为 $x$mm 的试件的电通量（C）；

　　　x——非标准试件的直径（mm）。

取同组三个试件通过电通量的平均值作为该组试件的电通量值。如果某一个测值与中值的差值超过中值的 15%，则取其余两个测值的平均值作为该组的试验结果。如有两个测值与中值的差值都超过中值的 15%，则取中值作为该组的试验结果。

作为相互比较的混凝土电通量值以标准养护 28d 的试件测得的电通量值为准。

1.2.4　扩展实验 A-3　矿渣或粉煤灰掺量对混凝土材料抗冻融能力的影响

内容简介：设计一个泵送混凝土配合比，进行混凝土抗冻融能力随矿渣或粉煤灰掺量变化的试验研究。矿渣掺量为 15%、30%、40% 和 50%，或粉煤灰掺量为 10%、20%、30% 和 40%。试验方法主要有两种：慢冻法和快冻法，本实验采用后者进行抗冻性试验。学生人数 5 人，实验学时数 8。

A-3.1　实验目的

学会设计泵送混凝土配合比，了解混凝土抗冻融仪（快冻法）的构造与原理，掌握不同的混凝土组成和抗冻融能力之间的关系。本方法适用于测定混凝土试件在水冻水融的条件下，经受的快速冻融循环次数或抗冻耐久性系数来表示的混凝土抗冻性能。用本方法所测得的指标适用于混凝土的质量控制。

A-3.2　试验设备

快速冻融装置：应能使试件盒固定在其中不动，依靠热交换液体的温度变化而连续、自动地按要求进行冻融循环的装置。除了埋设在测温试件中的温度传感器外，应另在冻融箱内防冻液中心、中心与其中一个对角的二分之一处各设有温度传感器，以监测箱内温度极差。运转时冻融箱内各点温度的极差不得超过 2℃。

试件盒：宜采用具有弹性的橡胶材料制作，其内表面底部应有橡胶突起部分。盒内加水后水面应至少能高出试件顶面 5mm。

台秤：最大量程 20kg，感量 5g。

混凝土动弹性模量测定仪：见本章主要实验 A。

热电偶、电位差计：应能在 20～−20 ℃范围内测定试件中心温度，测量精度不应低于±0.5 ℃。

A-3.3　实验步骤

(1) 泵送混凝土配合比设计（参考本章主要实验 A）

(2) 混凝土的拌制和有关试件的成型（参考本章主要实验 A）

快速冻融试验试件尺寸为 100mm×100mm×400mm 的棱柱体试件，每组试件 3 块。成型试件时，不得采用憎水性脱模剂。

按《普通混凝土力学性能试验方法》GB/T 50081 的相应要求制作试件。如无特殊要求，试件应在 28d 龄期时进行冻融试验。

除制作冻融试件外，尚应制作同样形状和尺寸，且中心埋有热电偶的测温试件，测温试件应采用防冻液作为冻融介质。测温试件所用混凝土的抗冻性能应高于被测试件。测温试件的温度传感器（热电偶）应在试件成型时事先预埋，并应确保埋设在试件中心。不应采用钻孔后直接插入的方式埋设温度传感器。

具体参考《普通混凝土拌合物性能试验方法标准》GB/T 50080、《普通混凝土力学性能试验方法》GB/T 50081 和《普通混凝土长期性能和耐久性能试验方法》GB/T 50082。

(3) 试验步骤

①试验前 4d 应把冻融试件从养护地点取出，进行外观检查，随后放在 20±2 ℃水中浸泡，浸泡时水面至少应高出试件顶面 20～30mm，冻融试件浸泡 4d 后进行冻融试验。对于始终在水中养护的试件，达到养护龄期 28d 时，即可直接进行抗冻试验。此种情况应在试验报告中予以说明。

②测定初始值。应及时从养护水中取出试件，用干净的湿布擦除表面水分，称量试件初始质量 W_{0i}，然后按照本章第 1.2 节（A2.4）测定其横向振动时的基频振动频率的初始值 f_{0i}，并对试件表面和边角等完好情况进行必要的外观描述。

③将试件放入试件盒内，试件应位于试件盒中心。然后向试件盒中注入清水。在整个试验过程中，盒内水位高度应始终保持高出试件顶面 5mm 左右。

将试件盒放入冻融箱内的试件架中。测温试件盒应放在冻融箱的中心位置。此时即可开始冻融循环。

④冻融循环过程应符合下列要求：

A. 每次冻融循环应在 2～4h 内完成，其中用于融化的时间不得小于整个冻融时间的 1/4；在冷冻和融化完成时，试件中心温度应分别控制在−18±2 ℃和 5±2 ℃，任意时刻试件中心温度不得高于 7 ℃，也不得低于−20 ℃。

B. 每块试件从 3 ℃降至−16 ℃所用的时间不得少于冷冻时间的 1/2。每块试件从−16 ℃升至 3 ℃所用时间也不得少于整个融化时间的 1/2，试件内外的温差不宜超过 28 ℃；冷冻和融化之间的转换时间不宜超过 10min。

C. 抗冻能力差异较大的不同品种混凝土试件不宜在同一个抗冻设备中同时进行抗冻试验。

⑤一般情况下每隔 25 次冻融循环应测量一次试件的横向基频 f_{ni}，测量前应将试件表面浮渣清洗干净，擦去表面积水，检查其外部损伤并称量试件的质量 W_{ni}。测完后，应迅速将试件调头重新装入试件盒内并加入清水，继续试验。试件盒在冻融箱中的位置宜固

定，也可以根据预先的计划转换试件盒的位置。试件的测量、称量及外观检查应迅速，以免水分损失，待测试件需用湿布覆盖。

⑥当有一部分试件停止试验被取出时，应另用其他试件填充空位。如冻融循环因故中断，试件应保持在冷冻状态，直至恢复冻融试验为止，此时应将故障原因及暂停时间在试验结果中注明。试件处在非冷冻状态下发生故障的时间不宜超过两个冻融循环的时间。在整个试验过程中，超过两个冻融循环时间的中断故障次数不得超过 2 次。

⑦冻融循环到达以下 3 种情况之一时即可停止试验：

A. 达到规定的冻融循环次数；

B. 试件的相对动弹性模量下降到 60% 以下；

C. 试件的质量损失率达 5%。

⑧试验结果计算及确定应符合下列要求：

A. 单个试件的相对动弹性模量应按下式计算：

$$P = (f_{ni}/f_{0i})^2 \times 100 \qquad (1\text{-}10)$$

式中　P——经 N 次冻融循环后第 i 个混凝土试件的相对动弹性模量（%），精确至 0.1%；

　　　f_{ni}——经 N 次冻融循环后第 i 个混凝土试件的横向基频（Hz）；

　　　f_{0i}——冻融循环试验前第 i 个混凝土试件横向基频初始值（Hz）。

一组试件的相对动弹性模量以三个试件试验结果的平均值作为测定值（%），精确至 0.1%。当最大值或最小值之一，与中间值之差超过中间值的 15% 时，剔除此值，取其余两值的平均值作为测定值；当最大值和最小值均超过中间值的 15% 时，则取中间值作为测定值。

B. 单个试件的质量损失率应按下式计算：

$$\Delta W_{ni} = (W_{0i} - W_{ni})/W_{0i} \times 100 \qquad (1\text{-}11)$$

式中　ΔW_{ni}——经 N 次冻融循环后第 i 个混凝土试件的质量损失率（%），精确至 0.01%；

　　　W_{0i}——冻融循环试验前第 i 个混凝土试件的质量（g）；

　　　W_{ni}——经 N 次冻融循环后第 i 个混凝土试件的质量（g）。

一组试件的质量损失率以三个试件试验结果的平均值作为测定值（%），精确至 0.1%。当三个试验结果中出现负值，取负值为 0 值，再取三个试验结果的平均值。当三个值中，最大值或最小值之一，与中间值之差超过 1% 时，剔除此值，取其余两值的平均值作为测定值；当最大值和最小值与中间值之差均超过 1% 时，则取中间值作为测定值。

C. 抗冻耐久性系数按下式计算：

$$K_n = P \times N/300 \qquad (1\text{-}12)$$

式中　K_n——经 N 次冻融循环后混凝土试件的抗冻耐久性系数（%）；

　　　N——达到规定要求（已达到 300 次循环；或相对动弹性模量下降到 60% 以下；或质量损失率达 5%）时混凝土试件经受的冻融循环次数；

　　　P——经 N 次冻融循环后混凝土试件的相对动弹性模量（%）。

D. 混凝土抗冻等级应按下列方法确定：

当相对动弹性模量 P 下降至初始值的 60% 或者质量损失率达 5% 时的最大冻融循环次数，作为混凝土抗冻等级，用符号 Fn 表示。

1.2.5　扩展实验 A-4　早期标准养护时间对混凝土力学性能和耐久性能的影响

内容简介：选择一个等级的高性能混凝土或普通混凝土，设计其配合比。进行混凝土力学性能和耐久性能随早期标准养护时间（1、2、3、7 和 28d）变化的试验研究。力学性能包括抗压强度、回弹值、超声波传播速度、动弹性模量、抗折强度、静力弹性模量和轴心抗压强度；耐久性能包括抗冻性、抗碳化和抗氯离子渗透性等，本实验仅选用抗氯离子渗透性试验。学生人数 5 人，实验学时数 8。

A-4.1　实验目的

学会设计混凝土配合比，了解回弹仪、超声检测仪、动弹仪和抗氯离子渗透仪等的构造与原理，掌握它们的正确使用方法。

A-4.2　实验步骤

（1）混凝土配合比设计。

设计一个混凝土配合比。具体参考《普通混凝土配合比设计技术规程》JGJ 55。以下为参考配合比（表 1-3）。

泵送混凝土配合比（示意）　　　　　　　　表 1-3

| 试样编号 | 水胶比 | 砂率 | 每方混凝土的原材料用量（kg） | | | | | | | 坍落度 | 体积密度 | 备注 |
			水泥	矿渣 S95	粉煤灰 Ⅱ级以上	水	砂 中砂	碎石 5-31.5	减水剂			
A0	0.26	0.38	345	172	58	150	660	1075				高性能混凝土
A1	0.55	0.42	240	52	53	190	775	1070	35%减水率			C30
A2	0.51	0.42	276	0	97	190	759	1048				C30
A3	0.45	0.42	300	63	59	190	751	1037				C40

（2）混凝土的拌制和有关试件的成型。

混凝土的拌制：首先称好原材料，注意称量正确，并将泵送剂加入所需水中，将搅拌机等润湿；将细骨料、水泥、矿渣和粗骨料依次加入搅拌机中干拌 1～2min，加入拌合水再拌 2min；停止搅拌，倒出混凝土拌合物，再人工拌合。采用坍落度试验法测定该混凝土拌合物的和易性。混凝土试件尺寸和拌制混凝土数量参见表 1-4。

混凝土试件尺寸和拌制混凝土数量　　　　　　　　表 1-4

	抗压强度	回弹值	超声波	动弹模量	抗弯强度	静力弹性模量 轴心抗压强度	氯离子渗透
养护制度	早期保湿养护（20±2℃，水中）时间为 1、2、3、7 和 28 d，再分别在空气（20±2℃，相对湿度 60%～70%）中干养 27、26、25、21 和 0 d，到 28 d 龄期进行各项性能测试						
	即一个配合比的混凝土，由于有 5 种不同的养护条件，形成了 5 种混凝土，再测定它们的性能						
测试龄期（d）	28						
试件尺寸（mm）	150×150×150			100×100×400		100×100×300	φ100×50
混凝土体积（L）	3.375×3×5=51			4×3×5=60		3×6×5=90	0.4×3×5=6
合计混凝土体积（L）	207L，实际需要拌 230L 混凝土，分多次拌制						

有关试件的成型：坍落度大于 70mm 的混凝土拌合物，宜用捣棒人工捣实。人工插捣时，拌合物应分两层装入试模，插捣底层时捣棒应达到试模底面，插捣上层时，捣棒应穿入下层深度约 20～30mm，捣棒应保持垂直，并用抹刀沿试模内壁插入数次，刮除试模

上口多余的混凝土，待临近初凝时，用抹刀抹平。也即采用人工插捣，分两层加入混凝土，每层每 100cm² 插捣次数为 12。

试件制作后在室温（20±5）℃情况下静置 1 昼夜，然后编号和拆模。拆模后立即放置在温度为 20±2℃的不流动的 $Ca(OH)_2$ 饱和水溶液中养护至需要的龄期（具体养护制度见表 1-6）。

具体参考《普通混凝土拌合物性能试验方法标准》GB/T 50080、《普通混凝土力学性能试验方法》GB/T 50081 和《普通混凝土长期性能和耐久性能试验方法》GB/T 50082

（3）力学性能实验（参照本章主要实验 A）。

（4）氯离子渗透实验（参照本章扩展实验 A-2）。

（5）试验结果。

1.3 高性能混凝土力学性能和耐久性能的综合实验

实验 B 高性能混凝土的制备及其力学性能和耐久性的检测

内容简介：设计一个 C60～C80 混凝土配合比，要求达到"三高"：高强度、高和易性（坍落度 150mm，可泵送）和高耐久性。进行混凝土力学性能和耐久性能随龄期（1、3、7、14 和 28 d）增加而变化的试验研究。力学性能包括抗压强度、回弹值、超声波传播速度、动弹性模量、抗折强度、静力弹性模量和轴心抗压强度；耐久性能包括抗冻性、抗碳化和抗氯离子渗透性等，本实验仅选用抗氯离子渗透性能试验。学生人数 5 人，实验学时数 8。

本节扩展实验，可参照 1.2 节进行。

B1 实验目的

学会设计高性能混凝土配合比，了解回弹仪、超声检测仪、动弹仪和抗氯离子渗透仪等的构造与原理，掌握这些仪器的正确使用方法。

B2 实验步骤

（1）高性能混凝土配合比设计。

采用 52.5 级或 42.5 级普通水泥设计一个 C60 或 C70 或 C80 混凝土配合比。具体参考《普通混凝土配合比设计技术规程》JGJ 55 或其他有关高性能混凝土的设计资料。一个高性能至少要进行 3～6 次试拌，本实验采用一个基本配合比，在适当调整的基础上，再设计一组配合比。以下为参考配合比（表 1-5）。

泵送混凝土配合比（示意）   表 1-5

试样编号	水胶比	砂率	每方混凝土的原材料用量/kg							坍落度	体积密度	
			水泥	矿渣	粉煤灰	水	砂	碎石	减水剂			
				S95	Ⅱ以上		中砂	5-31.5	35%减水率			
A	0.261	0.38	575	0	0	150	660	1075		180	2460	参考配合比
A0	0.261	0.38	345	172	58	150	660	1075				基本配合比控制试样
A1	0.261	0.38	299	207	69	150	660	1075				降低水泥用量增加掺料量

试样编号	水胶比	砂率	每方混凝土的原材料用量/kg							坍落度	体积密度	
			水泥	矿渣	粉煤灰	水	砂	碎石	减水剂			
				S95	Ⅱ以上		中砂	5-31.5	35%减水率			
A2	0.261	0.38	391	138	46	150	660	1075				增加水泥用量降低掺合料量
A3	0.273	0.34	330	165	55	150	600	1160				降低胶材用量加大水胶比
A4	0.270	0.38	345	172	58	155	655	1075				增加用水量加大水胶比
A5	0.278	0.38	345	172	58	160	655	1075				增加用水量加大水胶比
A6	0.261	0.35	345	172	58	150	605	1130				降低砂率
A7	0.261	0.41	345	172	58	150	715	1020				增加砂率

一定要选用减水率达到30%～35%或以上的高效减水剂。必须经过试拌。

（2）混凝土的拌制和有关试件的成型。

混凝土的拌制：首先称好原材料，注意称量正确，并将泵送剂加入所需水中，将搅拌机等润湿；将细骨料、水泥、矿渣、粉煤灰和粗骨料依次加入搅拌机中干拌 1～2min，加入拌合水再拌 2min；停止搅拌，倒出混凝土拌合物，再人工拌合。采用坍落度试验法测定该混凝土拌合物的和易性。混凝土试件尺寸和拌制混凝土数量参见表1-6。

混凝土试件尺寸和拌制混凝土数量　　　　　　　　　　　表 1-6

	抗压强度	回弹值	超声波	动弹模量	抗弯强度	静力弹性模量轴心抗压强度	氯离子渗透
龄期（d）	1、3、7、14和28	28	1、3、7、14和28	1、3、7、14和28	28	28	3、7、14和28
试件尺寸（mm）	100×100×100	150×150×150		100×100×400		100×100×300	φ100×50
混凝土体积（L）	15	3.375×3＝10.125		4×3＝12		3×6＝18	0.4×4×3＝4.8
合计混凝土体积	60L。实际需要拌33～35 L混凝土，二次						

有关试件的成型：坍落度大于70mm 的混凝土拌合物，宜用捣棒人工捣实。人工插捣时，拌合物应分两层装入试模，插捣底层时捣棒应达到试模底面，插捣上层时，捣棒应穿入下层深度约20～30mm，捣棒应保持垂直，并用抹刀沿试模内壁插入数次，刮除试模上口多余的混凝土，待临近初凝时，用抹刀抹平。也即采用人工插捣，分两层加入混凝土，每层每 100cm² 插捣次数为12。

试件制作后在室温 20±5℃情况下静置 1～2 昼夜，然后编号、拆模。拆模后立即放置在养护室（温度为20±2 ℃，相对湿度为95%以上；或温度为20±2 ℃的不流动的 $Ca(OH)_2$ 饱和水溶液中）内养护至28d 或 60d 龄期。

具体参考《普通混凝土拌合物性能试验方法标准》GB/T 50080、《普通混凝土力学性能试验方法》GB/T 50081 和《普通混凝土长期性能和耐久性能试验方法》GB/T 50082。

（3）力学性能实验（参照本章主要实验 A）。

（4）氯离子渗透实验（参照本章扩展实验 A-2）。

1.4　水泥浆体性能的综合实验

1.4.1　实验 C　减水剂品种及其掺量对水泥浆流动性的影响

内容简介：选择 2~3 个品种的减水剂（或泵送剂），进行减水剂掺量对水泥浆流动性影响的试验研究。并进行自水泥浆搅拌开始起至 30、60 和 90min 的水泥浆流动性的试验。学生人数 2~3 人，实验学时数 4。

C1　实验目的

本试验测定外加剂对水泥净浆流动性或分散效果的影响，用水泥浆在玻璃平面上自由流淌的最大直径表示。通过本试验，可进行对多种外加剂（减水剂）的筛选。本试验为设计性试验。

C2　实验仪器

水泥净浆搅拌机；截锥圆模（上下口直径分别为 36mm 和 60mm，高 60mm）；玻璃板（400mm×400mm，厚 5mm）；秒表；钢直尺；刮刀；药物天平（称量 100g，分度值 0.1g）；药物天平（称量 1000g，分度值 1g）。

C3　实验步骤

①将玻璃板放置在水平位置，用湿布将玻璃板、截锥圆模、搅拌器及搅拌锅均匀擦过，使其表面湿而不带水。

②将截锥圆膜放在玻璃板的中央，并用湿布覆盖待用。

③称取水泥 500g（或 300g）。

称取推荐掺量的外加剂及 145g（或 87g）水（并扣除外加剂的水）。

④按水泥净浆搅拌程序拌制水泥浆。

⑤将拌好的净浆迅速注入截锥圆模内，用刮刀刮平，将截锥圆模按垂直方向提起，同时开启秒表计时，任水泥浆在玻璃板上流动，至 60s，用直尺量取流淌部分互相垂直的两个方向的最大直径，取平均值作为水泥净浆的流动度。

⑥将上述水泥浆倒回到原搅拌锅中，用塑料薄膜密封。当时间到达自水泥浆搅拌开始起至 30、60、90min 时，再按水泥净浆搅拌程序拌制水泥浆，并再按⑤测定水泥浆的流动性。

⑦外加剂掺量至少为 5 个值。假设该外加剂的推荐掺量为水泥用量的 1.8%，则实验宜采用如下掺量：1.0%、1.4%、1.8%、2.2% 和 2.6%。

C4　结果表达

①表达净浆流动度时，需注明用水量，所用水泥的等级、名称、型号及生产厂和外加剂掺量。

②试验结果列表并作图表示，并进行必要的分析。掺减水剂的水泥净浆组成和净浆流动度试验（示意）结果可参见表 1-7。

掺减水剂的水泥净浆组成和净浆流动度试验（示意）结果 　　　　表1-7

掺量		外加剂掺量（%）					
水泥浆组成		0	1.0	1.4	1.8	2.2	2.6
净浆组成 （g）	水泥	300	300	300	300	300	300
	外加剂	0	3.0	4.2	5.4	6.6	7.8
	水	87	84.9	84.1	83.2	82.4	81.5
净浆流动度 （mm）	0min	90	100	150	200	240	245
	30min	80	95	140	190	230	235
	60min	75	90	130	180	220	225
	90min	65	70	80	100	120	135

注：该外加剂为液体，含固率为30%。水灰比为0.29。

1.4.2　扩展实验C-1　缓凝剂品种及其掺量对水泥浆流动性的影响

内容简介：选择2～3个品种的缓凝剂和1种减水剂，在减水剂用量固定的条件下进行缓凝剂掺量对水泥浆流动性影响的试验研究。并进行自水泥浆搅拌开始起至1h、2h、3h…24h的水泥浆流动性的试验。学生人数2～3人，实验学时数6。

C-1.1　实验目的

本试验测定外加剂对水泥净浆缓凝效果的影响，用水泥浆在玻璃平面上自由流淌的最大直径表示。通过本试验，可进行对多种外加剂的筛选。本试验为设计性试验。

C-1.2　实验仪器

水泥净浆搅拌机；截锥圆模；玻璃板；秒表；钢直尺；刮刀；药物天平（称量100g，分度值0.1g）；药物天平（称量1000g，分度值1g）。

C-1.3　实验步骤

实验步骤与上述主要实验C基本相同，但测定时间较长，需要将水泥浆存放在塑料袋中，并密封。

外加剂掺量至少为5个值。

C-1.4　结果表达

①用净浆流动度表达缓凝程度。

②试验结果列表并作图表示，并进行必要的分析。掺缓凝剂的水泥净浆组成和净浆流动度试验（示意）结果可参见表1-8。

掺缓凝剂的水泥净浆组成和净浆流动度试验（示意）结果 　　　　表1-8

		缓凝剂掺量（%）					
		0	0.05	0.10	0.20	0.40	0.80
净浆组成 （g）	水泥	300	300	300	300	300	300
	减水剂	5.4	5.4	5.4	5.4	5.4	5.4
	缓凝剂	0	0.15	0.3	0.6	1.2	2.4
	水	83.2	83.2	83.2	83.2	83.2	83.2

		缓凝剂掺量（%）					
		0	0.05	0.10	0.20	0.40	0.80
净浆流动度 （mm）	0h	200	200	200	200	200	200
	2 h	95	105	160	190	200	200
	6 h	80	90	130	180	200	200
	24 h	—	—	68	100	150	180

注：减水剂为液体，含固率为30%，掺量固定为1.8%。缓凝剂为固体，如食糖和葡萄糖酸钠等为固体。水灰比为0.29。

1.4.3 扩展实验 C-2 早强剂品种及其掺量对水泥浆流动性的影响

内容简介：选择 2～3 个品种的早强剂和 1 种减水剂，在减水剂用量固定的条件下进行早强剂掺量对水泥浆流动性影响的试验研究。并进行自水泥浆搅拌开始起至 30、60 和 90min 的水泥浆流动性的试验。学生人数 2～3 人，实验学时数 4。

C-2.1 实验目的

本试验测定早强剂对水泥净浆流动性的影响，用水泥浆在玻璃平面上自由流淌的最大直径表示。通过本试验，可进行对多种外加剂的筛选。本试验为设计性试验。

C-2.2 实验仪器

水泥净浆搅拌机；截锥圆模；玻璃板；秒表；钢直尺；刮刀；药物天平（称量100g，分度值0.1g）；药物天平（称量1000g，分度值1g）。

C-2.3 实验步骤

实验步骤与上述主要实验 C 基本相同。

外加剂掺量至少为 5 个值。

C-2.4 结果表达

①用净浆流动度表达快凝程度。

②试验结果列表并作图表示，并进行必要的分析。掺早强剂的水泥净浆组成和净浆流动度试验（示意）结果可参见表1-9。

掺早强剂的水泥净浆组成和净浆流动度试验（示意）结果 表 1-9

		早强剂掺量（%）					
		0	0.5	1.0	2.0	3.0	4.0
净浆组成 （g）	水泥	300	300	300	300	300	300
	减水剂	5.4	5.4	5.4	5.4	5.4	5.4
	早强剂	0	1.5	3.0	6.0	9.0	12.0
	水	83.2	83.2	83.2	83.2	83.2	83.2
净浆流动度 （mm）	0min	205	200	195	190	185	180
	30min	200	195	180	170	160	150
	60min	180	160	130	110	90	70
	90min	140	130	110	80	65	60

注：减水剂为液体，含固率为30%，掺量固定为1.8%。早强剂为固体，如氯化钠和硫酸钠等固体。水灰比为0.29。

1.4.4　扩展实验 C-3　水泥硬化浆体中氢氧化钙含量随矿渣或粉煤灰掺量的变化规律

内容简介：水泥硬化浆体中氢氧化钙含量是影响混凝土抗碳化和抗水能力等的一个重要因素。其量大，则其抗碳化能力大；其量小，则其抗水能力大。由于粉煤灰和矿渣微粉的掺入，它们在水化时要消耗一定量的氢氧化钙，从而使氢氧化钙含量降低。因此，知道水泥硬化浆体中氢氧化钙含量，对混凝土耐久性有积极的意义。氢氧化钙的分解温度在 480℃，故只要试验测得在 440℃ 和 580℃ 的失重量（即氢氧化钙中结构水的重量，在 440～580℃ 之间在水泥硬化浆体中没有其他物质有失重的物理化学变化），就能推算出氢氧化钙的含量。学生人数 2～3 人，实验学时数 6。

C-3.1　实验目的

本试验测定水泥硬化浆体中氢氧化钙含量随矿渣或粉煤灰掺量的变化规律。用此方法还可测定水泥的水化程度。

C-3.2　实验仪器

水泥净浆搅拌机；1200℃ 高温炉；玛瑙研钵；天平（称量 100g，分度值 0.01g）；天平（称量 1000g，分度值 1g）。

C-3.3　实验步骤

①基准配合比为（水泥＋粉煤灰或矿渣）：水＝500：150，粉煤灰或矿渣掺量分别为 0％、10％、20％、30％、40％ 和 50％。

②称取水泥＋粉煤灰或矿渣 300g，倒入塑料瓶或容器中，干混均匀。

③在搅拌锅中先加入 150g 水，再倒入上述水泥＋粉煤灰或矿渣 500g，按水泥净浆搅拌程序拌制。

④将拌好的净浆迅速注入适当的试模内成型，24h 后拆模，再放入 20±2℃ 的水中养护，直至 28d 或 60d 龄期。

⑤将上述硬化浆体适当敲碎成 5mm 以下的颗粒，取 50g，在 105±5℃ 的烘箱中保持 6h 烘干待用。

⑥将上述试样按四分法缩取其中的二分之一，用玛瑙研钵研细成 0.08mm 以下的颗粒。称取上述试样三份，各 5g，放入 105±5℃ 的烘箱中干燥 3h，并在干燥器中冷却后称量。再放入高温炉中在 440℃ 下恒温 3h 后取出，并在干燥器中冷却后称量（W_{440}）。再次放入高温炉中在 580℃ 下恒温 3h 后取出，并在干燥器中冷却后称量（W_{580}）。试验结果取三份试样的平均值。称量精确到 0.01g。

⑦在试样的研磨过程中，尽量缩短时间，以免试样被碳化。

⑧热重量分析。热重量分析仪（Thermogravimetric Analyzer，TGA）是用于测量材料样品在特定温度条件下的重量变化情形的仪器。其主要原理是将样品置于一个可通过程控升温、降温或恒温的加热炉中，在通入固定的环境气体（例如：氮气或氧气）下，当温度上升至样品中某一材料成分的蒸发温度、裂解温度和氧化温度时，样品会因此而造成重量的变化，记录样品随温度或时间的重量变化，即可判定材料的裂解温度、热稳定性、成分比例、样品纯度、水分含量、还原温度及材料的抗氧化性等特性。学校测试中心有此类仪器，希望能免费进行部分测试。

⑨X 射线衍射分析 XRD。与物理实验中的光栅衍射原理相同。晶体是其质点（离子、原子或分子）在空间作周期性重复排列的固体，是具有格子构造的固体。由于 X 射线的

波长和晶体的晶面间距相当，故 X 射线照到晶体上会发生衍射，产生衍射峰（犹如明暗不同的条纹）。衍射峰越高，其晶体含量就越高，由此可进行半定量分析。学校测试中心有 X 射线衍射仪，希望能免费进行部分测试。

⑩理论计算。根据水泥和矿渣或粉煤灰的化学成分以及水化程度，根据化学反应进行计算。

C-3.4 结果表达

在忽略试样被碳化的条件下，氢氧化钙含量的计算式为：

$$氢氧化钙含量（\%）=4.11（W_{440}-W_{580}）/W_{580} \tag{1-13}$$

掺矿渣或粉煤灰的水泥净浆组成和氢氧化钙含量试验（示意）结果可参见表 1-10。

掺矿渣或粉煤灰的水泥净浆组成和氢氧化钙含量试验（示意）结果　　　　表 1-10

组 成	掺　量	矿渣或粉煤灰掺量（%）					
		0	10	20	30	40	50
净浆组成（g）	水泥	500	450	400	350	300	250
	矿渣或粉煤灰	0	50	100	150	200	250
	水	150	150	150	150	150	150
28d 或 60d 龄期氢氧化钙含量（%）	本法	25	20	15	10	5	0
	热重量分析	26.2	21.3	16.3	11.3	6.6	1.0
	X 射线衍射法	26	20.6	15.1	10.5	5.5	1
	理论计算	28	22	17	13	8	2

本章主要参考文献

[1]　国家标准．普通混凝土拌合物性能试验方法标准 GB/T 50080—2002[S]．北京：中国建筑工业出版社，2002．

[2]　国家标准．普通混凝土力学性能试验方法 GB/T 50081—2002[S]．北京：中国建筑工业出版社，2002．

[3]　国家标准．普通混凝土长期性能和耐久性能试验方法 GB/T 50082—2009[S]．北京：中国建筑工业出版社，2009．

[4]　行业标准．普通混凝土配合比设计规程 JGJ 55—2011[S]．北京：中国建筑工业出版社，2011．

[5]　建材行业标准．水泥与减水剂相容性试验方法 JC/T 1083—2008[S]．北京：中国建材工业出版社，2008．

[6]　电力行业标准．水工混凝土试验规程 DL/T 5150—2001[S]．北京：中国电力出版社，2002．

第 2 章 土木工程测量自主实验

2.1 概 述

"数字地球"的出现和"3S"技术（GPS、GIS、RS）作为全新的与经典测量手段不同的高科技测量方法，正逐步替代传统的测量方法，如图 2-1～图 2-3 所示。测量学以测绘仪器的电子化和自动化、测量计算的程序化和成图的数字化为发展方向。

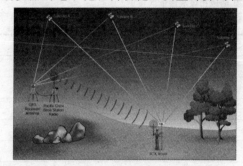

图 2-1 卫星、基准站和流动站组成的
高精度 GPS 定位系统

土木工程测量自主实验旨在培养学生从事土木工程测量的专业技能。兴起的外业数据数字化，并结合计算机内业成图技术，方便了广大测量人员的日常工作。也使学生能够将传统的测量方法与现代的科学技术相结合。最新的 GPS 技术（包括北斗系统）、三维激光扫描技术和全站仪的全面普及，使得测量技术手段不断改进与创新。

通过以三维激光扫描、GPS 技术和全站仪在自主实验的自主设计性的探索和实践学习中，为学生创造了卓有成效的创新实验平台，提供了锻炼科研实践能力的良好环境，同时使学生掌握土木工程测量学的基本理论、方法和技术，运用所学的知识技能分析、解决工程中有关土木工程测量中的问题，掌握新技术的原理与应用。

图 2-2 三维激光扫描仪在监测中应用

图 2-3 全站仪在道路建设中应用

2.2 实验 A 三维激光扫描仪在土木工程中的应用

1. 实验目的与要求

（1）了解三维激光扫描仪的构造与原理。

（2）掌握三维激光扫描仪的正确使用方法。

（3）初步掌握扫描点云数据压缩、匹配，三维建模等方法。

（4）自主设计三维激光扫描仪在土木工程中的应用。

2. 实验计划与设备

（1）试验计划：利用激光测距的原理，密集的记录目标物体的表面三维坐标、反射率和纹理信息，对空间进行真实的三维记录；制定定期观测方案重复上述过程。

（2）实验仪器：三维激光扫描仪一台，笔记本一台，数据处理软件，三脚架四个以上，标靶三个以上，电源线若干。

3. 实验技术要求

（1）按变形测量相关技术要求和精密测量仪器的操作使用规范。

（2）仪器构造及相关技术参数见图 2-4 和表 2-1 所示。

仪器相关技术参数   表 2-1

产品技术参数	ScanStation2
扫描仪类型	脉冲式
扫描距离	1~300m
扫描速度	50000 点/s
扫描精度	6mm/50m 距离
视场角	360°×270°
水平系统	双轴倾斜补偿器
主要应用领域	土木工程、建筑、工厂、船舶…

徕卡 HDS ScanStation 2 主要构造与特点：

—完全的视场角（如图 2-5）

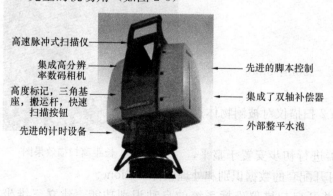

高速脉冲式扫描仪

集成高分辨率数码相机

高度标记，三角基座，搬运杆，快速扫描按钮

先进的计时设备

先进的脚本控制

集成了双轴补偿器

外部整平水泡

图 2-4 仪器构造

图 2-5 仪器视场角

• 360°×270°

- 可获取顶部，垂直方向、水平方向和水平方向以下区域的数据
- 类似于全站仪

—测量级精度的双轴补偿器（如图 2-6）

- 可架设在已知点上
- 导线测量和交汇法
- 可以输入点坐标来放样
- 精度 $1''$，补偿范围 $+/- 5'$
- 类似于全站仪

—测量级精度（如图 2-7）

图 2-6　测量级精度的双轴补偿器

图 2-7　测量级精度模型

- 距离精度 $+/- 4mm$
- 高密度扫描
- 密度是指点间距离
- $<1mm$，在任何距离（精度小于 1mm）
- 长距离也可精细扫描
- 标靶可放置在较远距离
- 2mm 模型表面精度

—很好的工作距离（如图 2-8）

- 300m@ 90% 反射率
- 134m @ 18% 反射率
- 基于标准反射率表面
- 远距离激光光斑很小：$0 - 50m$：6mm

4. 实验方法与步骤

使用徕卡 HDS ScanStation 2 扫描仪对被测物体进行扫描的基本步骤如下：

图 2-8　长距离扫描效果图

（1）将仪器按常规测量仪器进行初步安置于整平，并与电源、微机连接并开启，打开配套的数据识别和处理软件 Cyclone。

（2）建立定点参照目标，并开启扫描仪坐标系统的自动识别功能，建立三维坐标系统。

（3）在当前坐标系统内，对采集范围内的实体进行数字采集，并建立三维图形。

（4）一次采集完毕后，更换仪器地点，通过定点参照物重新识别当前坐标，进行数据的多次采集，并自动完成数据的空间合并。

（5）对扫描得到的云点数据进行先期处理，包括对模型的分割、修剪、移动、旋转、缩放等。

（6）通过开放的数字接口，对当前模型数据进行转换，使其与后期三维设计软件和开发软件兼容、并行和共享。

2.2.1 扩展实验 A-1 三维激光扫描仪在古建筑保护中的应用

以某古建筑为例。学习三维激光扫描技术的方法，即进行数据采集、建立模型、计算机显示、然后通过快速成型按比例进行复原。最后，进行古建保护的信息系统的设计。

1. 三维激光扫描系统的测量

（1）对文物表面进行清理。

（2）扫描文物表面，表面的重复度为 30%，形成点云数据，如图 2-9 所示。

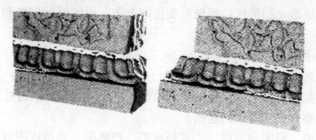

图 2-9　形成点云数据示意图

（3）在重复区域内提取共同特征点，利用转换公式计算转换参数，进行影像数据的合并，并统一到一个坐标系中进行拼接。如图 2-10 和图 2-11 所示。

图 2-10　数据处理拼接示意图　　　　图 2-11　模型建立示意图

2. 信息系统的建立

（1）系统功能设计

1）多方式自由控制的场景漫游，以进行古建筑单体，群体格局的研究。

2）对细部和装饰残缺的或已经破坏的古建筑进行复原。

3）多种历史建筑要素的比较以及综合或专项评价。

4）对营造法式技术进行深度分析。

5）对优秀的建筑建构、营造技术或法式进行分析与剖视。

（2）系统设计

1）地理信息系统，包括图形数据库，属性数据库，主要对地理信息进行采集、存储与管理。

2）古建保护专业信息系统，包括古建设计数据库，专业法规数据库，历史建筑元素数据库。主要担负古建复原方案的确定，给出不同的设计方案以供选择。

3）环境显示分析系统。

2.2.2 扩展实验 A-2 三维激光扫描仪在地形变化监测中的应用

提出了应用三维激光扫描仪监测地形变化的方法。用球形标志法和 DEM 求差法提取地形变化信息。

1. 扫描、三维建模和后续处理

对物体各侧面进行扫描。

将所有点云数据"拼合"成完整的点云模型。剔除干扰点云，通过分步框选点云和自动拟合，最终完成整个扫描对象的建模。

对模型进行渲染、照明和贴图。生成断面图、投影图、等值线图等。以 AutoCAD 和 MicroStation 等格式输出数据。

2. 三维激光扫描系统用于变形监测

采用三维激光扫描仪对某露天矿的高陡边坡进行变形监测。

（1）变形监测方案

仪器安装在变形体附近。控制标靶位置必须保持稳定。

由于点云数据极其密集，靠视力很难分辨一个点的变形情况，故采用如下方法提取变形信息。

方法一：在变形体表面安装多个涂色的球形标志（其反光强度不同于变形体）；用 Cyclone 软件建立球模型并输出球心坐标，通过比较各时段扫描数据中相同球心的坐标变化来提取变形信息。

方法二：根据点云数据建立变形体的数字高程模型（DEM），统一各时段 DEM 的坐标系统，用基于模型求差的方法分析变形。用基于 Matlab 和 CAD 的自主开发软件制作表格、文本、断面图、曲线图、三维变形曲面图来表示变形。

（2）精度分析

三维激光扫描仪 ScanStation2 单点位精度±6mm，距离±1mm，角度精度±0.5″，模型表面精度±2ram。

方法一：模型表面精度为多少，才可以满足变形监测要求。

方法二：实质是求所有单点数据的加权平均值，精度是否优于±6mm。而用传统的全站仪来观测，其精度在厘米级。本次扫描监测与传统方法比较，监测结果最大不符值为多少，是否满足预期要求。

2.2.3 扩展实验 A-3 三维激光扫描仪在桥梁健康监测中的应用

三维激光扫描仪对桥梁进行扫描，对获得的原始数据进行粗差探测和删除，净化后的数据以最小二乘法按一定的精度要求进行点云曲面拟合，同时对坐标设置一定的比例，把桥面的微小弯曲变形放大，为桥梁结构的健康监测分析提供理论基础与经验依据。

1. 实验操作数、据处理与桥面建模

在桥面上中央适当位置设立一定数量的标靶，在桥的前后左右离标靶大概 50m 处设若干个测站。采用 Leica ScanStation2 三维激光扫描仪进行扫描，每个测站扫描 45～60min。

将采集到的数据转化并导入到 matlab 程序中，如图 2-12 所示。散点图里面一般含有大量的粗差与无用的数据。根据点云数据的特征通过程序自动剔除那些跳跃或者突变的数据，进而大大减少人工删除的工作量。

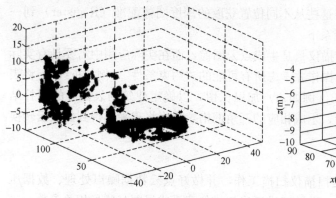

图 2-12 点云数据示意图　　　　　图 2-13 经过处理后的点云数据生成示意图

经过一定处理的数据，如图 2-13 所示。再对程序进行调试，剔除绝大部分较明显的无关信息点。

2. 桥面局部建模分析

将处理后的数据导出到 Excel 文档

将部分 Excel 数据导入程序中。

再按精度要求进行最小二乘法曲面拟合建模，求出曲面拟合的方程，生成拟合后的桥面模型图，分析桥的变形情况。

2.2.4 扩展实验 A-4 基于三维激光扫描的空间地物建模

以建筑物建模为例，首先从原始数据中分离提取建筑物，然后对得到的建筑物数据进行去噪处理，再通过整体匹配纠正并对原始测量数据进行重新采样和拼接配准，建立由三角网构成的三维表面模型。

1. 技术路线

技术路线如图 2-14 所示。

2. 建模过程

(1) 数据获取。利用软件平台控制三维激光扫描仪对特定的实体和反射参照点进行扫描，尽可能多地获取实体相关信息。

(2) 建筑物提取。激光扫描获取的数据往往包含地形数据、建筑物数据和其他地物数

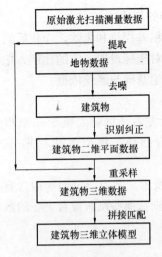

图 2-14　技术路线图

据。建筑物提取的目的是为了将目标建筑物从激光测量数据中分离出来，并为后续处理提供基础数据。

（3）数据滤波。树木、行人、车辆等位于三维激光扫描仪与主要被测物之间的遮挡物，通过激光扫描后会在主要被测物之后形成散乱点或者空洞等噪声。

3. 三维建模

（1）重采样。根据建筑物的总体纠正信息对原始测量数据进行重采样，就可得到反映建筑物表面几何特征的三维扫描坐标，主要是正确获得建筑物的立面几何信息。

（2）拼接匹配。一个完整的实体用一幅扫描图像往往不能完整地反映实体信息，需要在不同的位置对它进行多幅扫描，将这些从不同位置获取的深度图像配准（Register）到一个坐标系下。

（3）构建三角网。激光测距扫描仪只是生成点云图像，而在实际应用中需要具有实际意义的三维物体表面。通过全排序操作并考虑所有可能的"约束条件"（例如折线），将表面邻近部分的邻接关系和特殊特征（例如边）加以保留，以确定建筑物表面总的拓扑结构。然后判断并取舍上述邻接关系，生成相应的三角网格，最终将重采样得到的点云转换成一致的多边形网格模型。

4. 实验报告

每实验小组独立完成三维激光扫描仪扫描工作，并做好点云数据噪声处理、数据压缩、匹配、三维建模全过程的工作，总结三维激光扫描仪建模成果图与成果相关参数。

5. 实验注意事项

（1）三维激光扫描仪属国外引进精密仪器，价格相当昂贵，且是最先进测量仪器之一，应在指导老师演示完毕后再进行操作；

（2）由于仪器的精密性，扫描会受到温度和天气等影响，应选择温度适宜、天气晴朗的早上和下午时间段进行作业，避免烈日暴晒和雨天等恶劣天气；

（3）三维激光扫描仪数据传输线天线接口具有方向性，安置前应小心，有助于后续试验操作；

（4）扫描时注意区域的选取，尽量避免选中与被扫描对象无关的区域；

（5）迁站时，仪器必须装箱搬运；

（6）测站应选择比较坚实稳固的地方，应尽量避开人流量和车流量较多的地段设点。

2.3　实验 B　全球定位系统仪器在土木工程中的应用

1. 实验目的和要求

（1）了解 GPS 静态相对定位的原理与作业方法；

（2）了解 GPS RTK 实时动态定位的基本原理与方法；

（3）自主设计 GPS 在土木工程中的应用方法。

图中文字：
原始激光扫描测量数据
　提取
地物数据
　去噪
建筑物
　识别纠正
建筑物二维平面数据
　重采样
建筑物三维数据
　拼接匹配
建筑物三维立体模型

2. 实验计划与设备

实验以小组的形式展开，每小组4~5人，各组设1名组长，实行组长负责制。学生要认识南方 S86GPS 双频接收机的各个部件，掌握 GPS 接收机各个部件之间的联系方法；熟悉 GPS 接收机前面板各个按键的功能；熟悉 GPS 接收机后面板各个接口的作用；学会查看 GPS 接收机的接收状态、PDOP 值以及测站经纬度；学会使用 GPS 接收机采集数据。并给采集数据编辑文件名；学会 GPS 接收机天线高的输入方法。

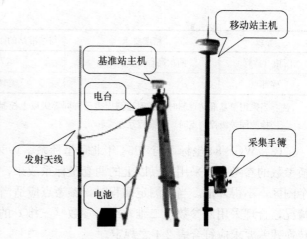

图 2-15　GPS-RTK 设备组成图

设备配备如图 2-15 所示。

（1）基准站 GPS 接收机一套（含天线、脚架、基座等）、蓄电池、发射电台（基准站用）；

（2）各组流动站 GPS 接收机一套（含天线、电子手簿、连接电缆线等）、测深仪、天线杆、背包。

3. 实验技术要求

（1）GPS-RTK 测量分级

GPS-RTK 平面测量分级为：一级控制点、二级控制点、图根控制点（一般工程放样点）、地形（地籍）碎部点。GPS-RTK 平面测量主要技术要求应符合表 2-2 规定。

GPS-RTK 平面测量主要技术要求　　　　　　表 2-2

等级	精度要求	与基准站的距离（km）	观测次数	观测方式
一、二级	两次观测点位互差≤3cm 两组观测值的点位互差≤7cm	≤5	双站各 2 次	双基准站
图根（放样）	两次点位互差≤5cm	≤7	2	单基准站
碎部点	—	≤10	1	单基准站

注：当采用单基准站观测时，必须检测周边已有同等级以上控制点。检测高等级控制点时，其点位互差≤5cm；检测同等级控制点时，其点位互差≤7cm。

双基准站观测方式是指在不同的基准站上对同一流动站点进行的观测。

（2）GPS-RTK 高程测量分级为：五等水准、图根水准、地形（地籍）碎部点。GPS-RTK 高程测量主要技术要求应符合表 2-3 规定。

GPS-RTK 高程测量主要技术要求　　　　　　表 2-3

等级	精度要求	与基准站的距离（km）	观测次数	观测方式
五等	两次高程互差≤3cm 两组观测值的高程互差≤4cm	≤5	双站各 2 次	双基准站

等级	精度要求	与基准站的距离（km）	观测次数	观测方式
图根（放样）	两次高程互差≤5cm	≤7	2	单基准站
碎部点	—	≤10	1	单基准站

注：当采用单基准站观测时，必须检测周边已有同等级以上控制点，检测高等级控制点时，其高程互差≤4cm，检测同等级控制点时，其高程互差≤5cm。

（3）WGS-84 坐标系与 1954 年北京坐标系、1980 西安坐标系或地方独立坐标系求转换参数的参考点应采用 3 点以上的两套坐标系成果，所选参考点应分布均匀，且能控制整个测区，不得外推。当需测定高程时，参考点应适当增加。转换时应根据测区范围及具体情况，合理采用四参数（二维）或七参数（三维）的数学模型。GPS-RTK 参考点等级及转换残差要求应符合表 2-4 之规定。

GPS-RTK 参考点等级及转换残差要求 表 2-4

平　面			高　程		
等　级	参考点要求		等　级	参考点要求	
	等级	转换残差		等级	转换残差
一、二级	四等以上	≤3cm	五等	四等以上	≤3cm
图根（放样）	一级点以上	≤5cm	图根（放样）	五等以上	≤5cm
碎部点	二级点以上	≤5cm	碎部点	五等以上	≤5cm

（4）测量控制手簿设置控制点的单次观测的平面收敛精度应≤1.5cm，高程收敛精度应≤2cm。

（5）测量控制手簿设置碎部点的单次观测的平面收敛精度应≤2cm，高程收敛精度应≤4cm。

（6）控制点平面和高程成果在限差之内取各次观测成果的平均值。

（7）用 GPS-RTK 方法施测的平面和高程控制点成果应采用适当手段以相应的等级检测坐标、边长和高程，其检测点应均匀分布于测区，且检测点不少于总点数的 10%。如果当地某些区域高程异常变化不均匀，转换参数无法满足高程精度要求时，宜对 RTK 数据进行后处理，按当地高精度似大地水准面精化模型求插值方法或用水准测量求得高程。

4. 实验方法与步骤

（1）基准站要求

教学实验中，采用 BJ-54 坐标系设置基准站的起算数据。根据要求在校园里选择合适的已知点，将天线架设是该点作为基准站，连上电缆，注意正负极要正确（红正黑负），确认无误后，方可开机。打开主机和电台，主机开始自动初始化和搜索卫星，当卫星数和卫星质量达到要求后（大约 1 分钟），主机上的 DL 指示灯开始 5 秒钟快闪 2 次，同时电台上的 RX 指示灯开始每秒钟闪 1 次（如图 2-16 所示）。这表明基准站差分信号开始发射，整个基准站部分开始正常工作。

（2）移动站要求

移动站采用自行车和船，有条件的可以采用小汽车等作为运动载体，按预先设计的路线进行导航与定位。

图 2-16　基准站指示灯示意图

1）将移动站主机接在碳纤对中杆上，并将接收天线接在主机顶部，同时将手簿夹在对中杆的适合位置。

2）打开主机，主机开始自动初始化和搜索卫星，当达到一定的条件后，主机上的 DL 指示灯开始 1 秒钟闪 1 次（必须在基准站正常发射差分信号的前提下），表明已经收到基准站差分信号。

3）打开手簿，启动工程之星软件。工程之星快捷方式一般在手簿的桌面上，如手簿冷启动后则桌面上的快捷方式消失，这时必须在 Flashdisk 中启动原文件（我的电脑→Flashdisk→SETUP→ERTKPro2.0.exe）。

4）启动软件后，软件一般会自动通过蓝牙和主机连通。如果没连通则首先需要进行设置蓝牙（工具→连接仪器→选中"输入端口：7"→点击"连接"）。

5）软件在和主机连通后，软件首先会让移动站主机自动去匹配基准站发射时使用的通道。如果自动搜频成功，则软件主界面左上角会有信号在闪动。如果自动搜频不成功，则需要进行电台设置（工具→电台设置→在"切换通道号"后选择与基准站电台相同的通道→点击"切换"）。

6）在确保蓝牙连通和收到差分信号后，启动工程之星软件。

7）启动软件后，操作步骤如下图 2-17～图 2-20 所示。

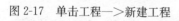

图 2-17　单击工程—>新建工程

图 2-18　在弹出的对话框中输入工程名称

在出现的坐标系统列表中，再点击"增加"。在坐标系统编辑表中，"参数系统名"输入当天时间（如 2011 年 1 月 17 日就输入 20110117）。坐标系选择 Beijing54 坐标系。再修改 中央子午线（杭州的中央子午线为 120）。输入完毕后，点击 OK 再点击确定。这样一个新的工程就建成了（每天最好都新建一个工程，并且以时间命名）。

8）求四参数进行校正。

新建工程后，在手簿显示固定解的前提下，点击测量—>点测量。分别在两个已知点上去采集原始坐标数据，方法如下：

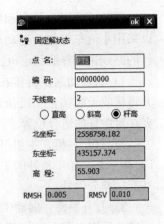

图 2-19　点击"确定"　　　　图2-20　在"坐标系统"中点击"编辑"　　　图 2-21　控制点存储

第一步：走到一个已知点上，将碳纤杆放在已知点上，对中水准泡，在手簿上按"A"键，在弹出的对话框中输入点名和天线高（如图 2-21 所示），点击"确定"，点名最好以已知点名称命名，方便后面的操作。

第二步：再到另一个已知点上对中，测量（方法和上面一样），这样就采集了两个 84 经纬坐标。一般 2 个控制点。

两个已知点测完后点击左下角的"取消"或者右边的"菜单"，点击输入—>求转换参数，如图 2-22 至图 2-25 所示：

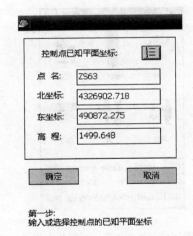

图 2-22　点击增加　　　　　　图 2-23　输入第一个已知点的坐标

在图 2-26 中，选择相关的坐标点（如已知点为 GPS1，在这里就选择 GPS1，一定要点与实际位置对应起来）。

这样一个已知点就输入完成，接着用相同的方法输入第二个已知点，输入完两个已知点后点击保存，如图 2-27 所示。

在文件名中输入当天的时间，以时间命名是最好的。输入后点击右上角的"OK"提

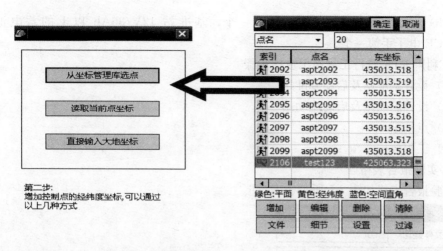

图 2-24　选择从坐标管理库选点　　　图 2-25　坐标管理库中点击确定

示保存成功，点击右上角的"OK"，如图 2-28 所示。

最后将按上述步骤计算出的四参数应用于实际工程后，才可进行地形测量。

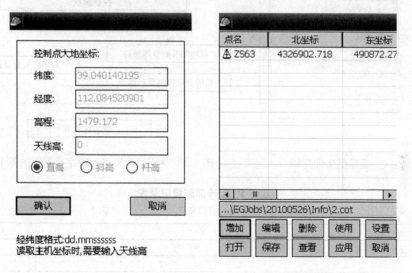

图 2-26　点击确定　　　　　图 2-27　已知坐标点存储

2.3.1　扩展实验 B-1　利用 RTK 进行数字测图

利用 RTK 进行数字化测图的基本流程见图 2-29。作业过程主要分为外业数据采集和内业数据处理。外业数据采集包括控制测量和碎部测量两大步骤。

（1）控制测量。在进行碎部测量之前，需进行控制点的布设和测量。控制点主要任务是用作 RTK 测量的基准站。控制点的布设需遵循 GPS 控制点的基本选择原则。

（2）利用 RTK 测量碎部点。在地势上空开阔的地区，完全可以用 RTK 作业模式测量碎部点。当外业采集数据完成后，还需进行 GPS 数据处理和利用 CASS 软件进行数字化成图两项内容后方可成图。学生自主设计实验过程和成图。

2.3.2　扩展实验 B-2　利用 RTK 进行工程施工放样

南方灵锐 S82 GPS 接收机 3 台（含基准站和流动站），RTK 数据链无线电发射机

（GDL25）一套，流动站柱状锂电池一个，基准站 12V/36Ah 以上的蓄电池一个，JETT. CE 电子手簿一个。

1. 利用 RTK 进行工程施工放样步骤

（1）设置基准站及启动基准站

（2）设置流动站及启动流动站

（3）点校正

（4）工程放样

2. 实验报告表格

实验报告表格如表 2-5 所示、表 2-6。

图 2-28　坐标点文件存储

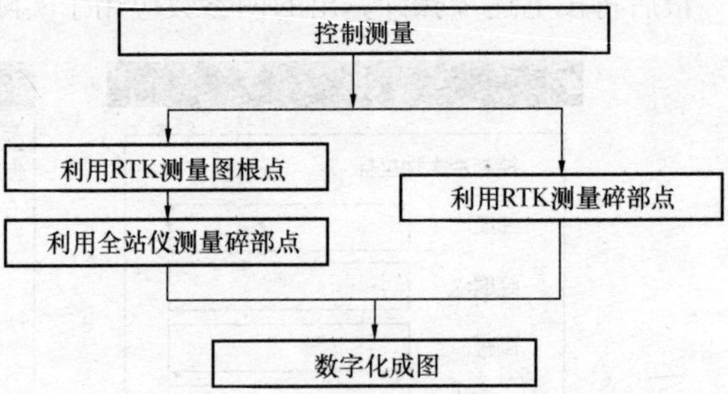

图 2-29　利用 RTK 进行数字化测图的基本流程

GPS-RTK 碎部测量记录表　　　　　　　　　　表 2-5

日期＿＿＿年＿＿＿月＿＿＿日　　　天气　　　　　仪器编号　　　　　记录者

基准站	X=	Y=	H=	天线高=
移动站	X	Y	H	天线高

GPS-RTK 工程放样记录表　　　　　　　　　　表 2-6

日期＿＿＿年＿＿＿月＿＿＿日　　　天气　　　　　仪器编号　　　　　记录者

点号	已知坐标值		测设坐标值		坐标差		测设略图
	x	y	X	Y	ΔX	ΔH	

3. 实验注意事项

（1）GPS 价格比较昂贵，且是先进测量仪器之一，应在指导老师演示完毕后再进行操作；

（2）拆、装电池时，必须先关闭电源开关；

（3）GPS 接收机主机与天线接口具有方向性，安置前应小心；

（4）迁站时，仪器必须装箱搬运；

（5）测站应避开高压线、变压器等强电场干扰源，保证测量时接收较好的信号；

（6）实习中应注意人员及仪器的安全。

2.4　实验 C 电子全站仪在土木工程中的应用

1. 实验目的和要求

（1）了解电子全站仪的性能及各部件的名称和作用。

（2）了解全站仪键盘上各按钮的主要功能。

（3）掌握全站仪的安置方法。

（4）掌握电子全站仪进行角度、距离、坐标测量的作业方法。

（5）自主设计电子全站仪在土木工程中的应用

2. 实验计划与设备

（1）实验时数安排为 2～3 学时。

（2）实验小组由 4 人组成。1 人操作，1 人记录，2 人操作棱镜或对中杆，小组人员轮流操作。

（3）每个实验班级小组的实验设备为苏-光 RTS632L 型全站仪一台，与全站仪相配套的反光棱镜 1～2 套，钢卷尺一把。自备铅笔、计算器等。

（4）每实验小组完成 1 个水平角、2 个边长、2 个高差、2 点坐标观测，并对采集数据进行处理，完成实验报告撰写。

3. 实验技术要求

（1）水平角观测所使用的全站仪应符合下列相关规定：

1）照准部旋转轴正确性指标：管水准器气包或电子水准器长气泡在各位置的读数较差，1″级仪器不应超过 2 格，2″级仪器不应超过 1 格。

2）水平轴不垂直于垂直轴之差指标：1″级仪器不应超过 10″，2″级仪器不应超过 15″。

3）补偿器的补偿要求，在仪器补偿器的补偿区间，对观测成果应能进行有效补偿。

4）垂直微动旋转使用时，视准轴在水平方向上不产生偏移。

5）仪器的基座在照准部旋转时的位移指标：1″级仪器不应超过 0.3″，2″级仪器不应超过 1″。

6）光学（或激光）对中器的视轴（或轴线）与竖轴的重合度不应大于 1mm。

（2）水平角观测宜采用方向观测法，并符合下列规定：

1）方向观测法的技术要求，不应超过表 2-7 的规定。

等级	仪器精度等级	光学测微器两次重合读数之差 (″)	半测回归零差 (″)	一测回内2C互差 (″)	同一方向值各测回较差 (″)
四等及以上	1″级仪器	1	6	9	6
	2″级仪器	3	8	13	9
一级及以下	2″级仪器	—	12	18	12
	6″级仪器	—	18	—	24

方向观测法技术要求 表2-7

2）当观测方向不多于3个时，可不归零。

3）当观测方向多于6个时，可进行分组观测。分组观测应包括两个共同方向（其中一个为共同零方向）。其两组观测角之差，不应大于同等级测角中误差的2倍。分组观测的最后结果，应按等权分组观测进行测站平差。

4）水平角的观测值应取各测回的平均数作为测站成果。

（3）水平角观测的测站作业，应符合下列规定：

1）仪器或反光镜的对中误差不应大于2mm。

2）水平角观测过程中，气泡中心位置偏离整置中心不宜超过1格，四等及以上等级的水平角观测，当观测方向的垂直角超过±3°的范围时，宜在测回间重新整置气泡位置。有垂直轴补偿器的仪器，可不受此款的限制。

3）如受外界因素（如振动）的影响，仪器的补偿器无法正常工作或超出补偿器的补偿范围时，应停止观测。

（4）测距作业，应符合下列规定：

1）测站对中误差和反光镜对中误差不应大于2mm。

2）当观测数据超限时，应重测整个测回，如观测数据出现分群时，应分析原因，采取相应措施重新观测。

（5）每日观测结束，应对外业记录进行检查。当使用电子记录时，应保存原始观测数据，打印输出相关数据和预先设置的各项限差。

4. 实验方法与步骤

（1）全站仪的认识

全站仪是具有电子测角、电子测距、电子计算和数据存储功能的仪器。它本身就是一个带有各种特殊功能的进行测量数据采集和处理的电子化、一体化仪器。

各种型号的全站仪的外形、体积、重量、性能有较大差异，但主要由电子测角系统、电子测距系统、数据存储系统、数据处理系统等部分组成。

全站仪的基本测量功能主要有三种模式：角度测量模式、距离测量模式、坐标测量模式。另外，有些全站仪还有一些特殊的测量模式，能进行各种专业测量工作。各种测量模式下均具有一定的测量功能，且各种模式之间可相互转换。

（2）全站仪的使用

首先由指导教师安置好全站仪与棱镜，向各小组介绍全站仪的主要构件和操作方法，然后各组在实验场地上选择3点，1点作为测站点架设仪器，另外两点分别作为后视点和前视点。

36

1）测量前的准备工作

① 电池的安装（注意：测量前电池需充足电）。

a. 把电池盒底部的导块插入装电池的导孔。

b. 按电池盒的顶部直至听到"咔嚓"响声。

c. 向下按解锁钮，取出电池。

② 仪器的安置。

a. 在实验场地上选择一点，作为测站，另外两点作为观测点。

b. 将全站仪安置于点，对中、整平。

c. 在两点分别安置棱镜。

③ 竖直度盘和水平度盘指标的设置。

a. 竖直度盘指标设置。

松开竖直度盘制动钮，将望远镜纵转一周（望远镜处于盘左，当物镜穿过水平面时），竖直度盘指标即已设置。随即听见一声鸣响，并显示出竖直角。

b. 水平度盘指标设置。

松开水平制动螺旋，旋转照准部360°，水平度盘指标即自动设置。随即一声鸣响，同时显示水平角。至此，竖直度盘和水平度盘指标已设置完毕。注意：每当打开仪器电源时，必须重新设置竖直度盘和水平度盘的指标。

④ 调焦与照准目标。

操作步骤与一般经纬仪相同，注意消除视差。

2）角度测量

① 首先从显示屏上确定是否处于角度测量模式，如果不是，则按操作转换为距离模式。

② 盘左瞄准左目标 A，按置零键，使水平度盘读数显示为 $0°00'00''$，顺时针旋转照准部，瞄准右目标 B，读取显示读数。

③ 同样方法可以进行盘右观测。

④ 如果测竖直角，可在读取水平度盘的同时读取竖盘的显示读数。

3）距离测量

① 首先从显示屏上确定是否处于距离测量模式，如果不是，则按操作键转换为坐标模式。

② 照准棱镜中心，这时显示屏上能显示箭头前进的动画，前进结束则完成坐标测量，得出距离，HD 为水平距离，VD 为倾斜距离。

4）坐标测量

① 首先从显示屏上确定是否处于坐标测量模式，如果不是，则按操作键转换为坐标模式。

② 输入本站点 O 点及后视点坐标，以及仪器高、棱镜高。

③ 瞄准棱镜中心，这时显示屏上能显示箭头前进的动画，前进结束则完成坐标测量，得出点的坐标。

以上每一目标观测 2 测回。

下面以苏-光全站仪使用步骤为例：

1. 距离测量（如表 2-8 所示）

（1）按【DISP】键一次进入斜距测量（按两次测水平距离）。

（2）望远镜照准棱镜中心。

（3）按【F1】键测距。

距离测量操作说明　　　　　　　　　　　　　表 2-8

操作过程	操作	显示
① 准棱镜中心	照准	V：　90°10′20″ HR：170°30′20″ H-蜂鸣 R/L 竖角 P3↓
② 按▰键，距离测量开始＊1)，2)；	▰	HR：170°30′20″ HD＊［r］≪m VD：　m 测量　模式 S/A P1↓ HR：170°30′20″ HD＊235.343m VD：　36.551m 测量　模式 S/A P1↓
显示测量的距离＊3)—＊5) 再次按▰键，显示变为水平角（HR）、垂直角（V）和斜距（SD）	▰	V：　90°10′20″ HR：170°30′20″ SD＊241.551m 测量　模式 S/A P1↓

2. 放样

（1）按【MENU】键进入主菜单，再按【F1】（放样）键进入放样流程（如表 2-9 所示）：

1）按【F1】（测站点设置）键，显示点号选择界面。

2）按【F3】（坐标）键进入坐标数据输入显示，再按【F1】键输入坐标值，再按【F4】确认。

（2）设置测站点。

放样操作说明　　　　　　　　　　　　　表 2-9

操作过程	操作	显示
① 由放样菜单 1/2 按 F1（测站点号 输入）键，即显示原有数据	F1	测站点 点号：＿＿＿ 输入　调用　坐标　回车

操作过程	操 作	显 示
② 按 F3（坐标）键	F3	N：0.000m E：0.000m 0.000m 输入一点号 回车
③ 按 F1（输入）键，输入坐标值按 F4（ENT）键 * 1)，2)	F1 输入坐标 F4	N：10.000m E：25.000m Z：63.000m 输入一点号 回车
④ 按同样方法输入仪器高，显示屏返回到放样菜单 1/2	F1 输入仪高 F4	仪器高 输入 仪高：0.000m 输入— —回车
⑤ 返回放样菜单	F1 输入 F4	放样 1/2 F1：输入测站点 F2：输入后视点 F3：输入放样点 P↓

（3）设置后视点（如表 2-10 所示）：

1）按【F2】（后视点设置）键，显示点号选择界面。

2）按【F3】（坐标）键进入后视点坐标输入显示，再按【F1】键输入坐标值，再按【F4】确认。

3）照准后视点，按【F3】（是）键返回放样菜单。

后视点设置说明 表 2-10

操作过程	操 作	显 示
① 由放样菜单 1/2 按 F2（后视）键，即显示原有数据	F2	后视 点号 =： 输入 调用 NE/AZ 回车
② 按 F3（NE/AZ）键	F3	N→ 0.00m E： 0.000m 输入 — 点号 回车
③ 按 F1（输入）键，输入坐标值按 F4（回车）键 * 1)，2)	F1 输入坐标 F4	后视 H(B)=120°30′20″ ＞照准？[是][否]

操作过程	操 作	显 示
④照准后视点	照准后视点	
⑤按 F3（是）键，显示屏返回到放样菜单 1/2	照准后视点 F3	放样　　1/2 F1：输入测站点 F2：输入后视点 F3：输入放样点　P↓

（4）实施放样：

1）使仪器显示放样菜单界面（如表 2-11 所示），按【F3】（放样）键，显示点号选择界面，再按【F3】键输入放样点的坐标，再按【F4】确认。

2）按【F1】（极差）键，转动仪器使水平角 $0°0'0''$。

3）照准棱镜中心，按【F1】（测距）键，当显示距离误差为零时，则放样点的测设完成。

放样操作说明　　　　　　　　　　　　　　表 2-11

操作过程	操 作	显 示
①由放样菜单 1/2 按 F3（放样）键	F3	放样　　1/2 F1：输入测站点 F2：输入后视点 F3：输入放样点　P↓ 放样 点号： 输入　调用　坐标　回车
②F1（输入）键，输入点号 ＊1)，按 F4（ENT）键＊2)	F1 输入点号 F4	镜高 输入 镜高：0.000m 输入……　回车
③按同样方法输入反射镜高，当放样点设定后，仪器就进行放样元素的计算 HR：放样点的水平角计算值 HD：仪器到放样点的水平距离计算值	F1 输入镜高 F4	计算 HR：122°09′30″ HD：245.777m 角度　距离……
④照准棱镜，按 F1 角度键 点号：放样点 HR：实际测量的水平角 dHR：对准放样点仪器应转动的水平角 　＝实际水平角-计算的水平角 当 dHR＝0°00″00′时，即表明放样方向正确	照准 F1	点号：LP-100 HR：2°09′30″ dHR：22°39′30″ 距离…　坐标…

操作过程	操作	显示
⑤按 F1（距离）键 HD：实测的水平距离 dHD：对准放样点尚差的水平距离 ＝实测高差—计算高差 ＊2）	F1	HD＊ [r]　　＜m dHD：m dZ：m 模式　角度　坐标　继续 HD＊　245.777m dHD　−3.223m dZ：−0.047m 模式　角度　坐标　继续
⑥按 F1（模式）键进行精测	F1	HD＊ [r]　　＜m dHD：m dZ：m 模式　角度　坐标　继续 HD＊　244.789m dHD：−3.213m dZ：−0.047m 模式　角度　坐标　继续
⑦当显示值 dHR，dHD 和 dZ 均为 0 时，则放样点的测设已经完成＊3）		
⑧按 F3（坐标）键，即显示坐标值	F3	N：12.322m E：34.286m Z：1.5772m 模式　角度　…　继续
⑨按 F4（继续）键，进入下一个放样点的测设	F4	放样 点号： 输入　调用　坐标　回车

2.4.1　扩展实验 C-1　全站仪在道路工程的施工放样

公路、铁路工程放样工作主要包括：线路中线放样、路基施工放样、路面施工测量等内容。全站仪在线路工程中起到越重要的作用。线路中线放样中运用全站仪放样的主要是平面曲线。

一般的平面曲线是按"直线＋缓和曲线＋圆曲线＋缓和曲线＋直线"的顺序连接组成完整的线形。平面曲线最基本的线形元素是圆曲线和缓和曲线，其他曲线都是由它们两个派生出来的。

学生根据公路、铁路工程曲线放样原理自主设计：全站仪在道路工程的施工放样方法和放样元素的计算。

2.4.2　扩展实验 C-2　全站仪在建筑工程中的施工放样

（1）全站仪在建筑工程平面施工放样

建筑物施工放样，由于受施工场地的限制，如场地小、高差大、受到脚手架及模板等影响通视性不好，其施工放样基本上还是以皮尺为主，辅以经纬仪和水准仪的传统测量方式，不但精度低，而且很容易造成差错，不但影响了建筑物的测量质量，而且也会产生不必要的纠纷。建筑物楼层施工放样采用全站仪，注意全站仪的一些使用方法，不但可以大大方便建筑物平面和高程施工放样定位，进行高程、平面测量控制，垂直度观测，而且可以大大提高施工放样的准确度和精确度。

（2）全站仪在建筑工程中高程施工放样

一般工程场场地高差不大（深基坑除外），其平面和高程采用传统的经纬仪交汇和水准仪测量方法可以胜任，但是采用全站仪进行测量，不但可以使平面和高程同时得到控制，而且可以解决场地高差大（如深基坑和楼层）的水准测量问题。由于水准测量，受到地形起伏的影响，相邻站点之间高差不能太大。有深基坑的工地和不同楼层，普通水准测量很难做到对其进行高程控制，只能采用三角高程测量或用皮尺测量。用全站仪不但能进行三角高程测量，而且精度能达到要求。下面来分析一下三角高程测量方法，分析其误差来源，利用全站仪功能上的优势，改进测量方法，从而减少其误差影响，提高高程控制精度。

传统的高程控制方法的缺点是工作量大，容易引起误差。通过全站仪三角高程测距法进行标高控制，对施工作业干扰少、工作量小，引测速度快。

学生根据建筑工程中的施工放样原理自主设计：全站仪在建筑工程中的施工放样方法和放样元素的计算。

本章主要参考文献

[1]　国家标准. 全球定位系统(GPS)测量规范 GB/T18314—2009. 北京：中国标准出版社，2008.

[2]　张豪. 建筑工程测量. 北京：中国建筑工业出版社，2012.

[3]　谭辉. 测量学. 北京：中国建筑工业出版社，2007.

[4]　网站：http：//www.leica-geosystems.com.cn.

[5]　中华人民共和国国家标准. 工程测量规范 GB 50026—2007[S]. 北京：中国计划出版社，2008.

[6]　中华人民共和国国家标准. 1：500 1：1000 1：2000 地形图图示 GB T20257.1—2007[S]. 北京：中国标准出版社，2007.

[7]　中华人民共和国行业标准. 建筑变形测量规范 JGJ 8—2007[S]. 北京：中国建筑工业出版社，2007.

[8]　中华人民共和国行业标准. 城市测量规范 CJJ T8—2011 [S]. 北京：中国建筑工业出版社，2011.

第3章 土力学自主实验

3.1 概　述

土力学自主实验是土木工程专业中地下建筑工程方向的重要实验课，是土力学专业课的重要实践环节。作为一门实践性很强的课程，其任务是通过介绍地下工程方向自主设计实验的基本测实技术和实验方法，使学生获得地下工程专业所必需的自主实验基本技能，掌握独立开展岩土工程自主实验方法，具备解决一般土工问题和编写土工实验研究报告的能力，并激发学生对不懈探索专业知识和开展科学研究实验的兴趣。设置和落实综合性、创新性的土力学自主实验，是地下工程专业高级技术人才所必需的基本训练内容，是培养学生提高本专业科学研究能力的重要保障。

本章围绕土力学中较为重要的岩土抗剪强度特性和固结变形特性概念，从岩土工程性质、实验条件和实验方法等角度出发，介绍如何开展研究岩土抗剪强度特性和岩土固结变形特性的自主实验。另外结合自制模型箱，介绍关于地基受力性能的岩土模型实验的自主实验。

3.2 岩土抗剪强度特性的自主实验

3.2.1 实验A 考虑不同岩土工程性质的抗剪强度特性实验

岩土工程性质包括土的结构性、各向异性、含水量、饱和度、密实度、孔隙大小、颗粒级配、黏粒含量等方面。此外，岩土工程性质还可包括在岩土材料中添加的外掺剂数量和种类，因为添加外掺剂可以改变岩土材料的某些工程性质。不同地区、不同种类的岩土，其工程性质会存在差异。土的抗剪强度特性是岩土工程中重要的力学特性之一。岩土抗剪强度的黏聚力 c 和内摩擦角 φ 值，是地基承载力和土坡稳定计算中必不可少的参数，在岩土工程中有广泛应用。岩土工程性质是决定土抗剪强度的重要因素。

考虑不同岩土工程性质的抗剪强度特性实验，是要在能够测定岩土物理工程性质的基础上，通过岩土的基本抗剪强度实验，分析岩土工程性质对土抗剪强度特性的影响。一般情况下，由于岩土工程性质的复杂性和多因素性，岩土工程性质对岩土抗剪强度的影响是由多种因素共同作用引起的。此时，需要在实验前分析主次因素，然后采用正交实验来确定控制岩土工程性质多种因素影响的实验方案。现以岩土工程性质中含水量这单一影响因素为例，介绍此类自主实验的设计过程。

A.1 实验目的与要求

1. 实验目的

非饱和土在自然界中普遍存在，是液相、固相、气相所组成的三相体。许多工程事故和地质灾害的发生，与土体含水量变化和土抗剪强度的改变有必然联系。土体含水量的变化，重要原因在于非饱和土基质吸力的改变，从而引起岩土抗剪强度特性的变化。目前，在测试控制非饱和土基质吸力大小时，所用实验仪器相对复杂，实验过程较为漫长，在工程应用中实验代价高。

非饱和土基质吸力与含水量关系紧密，若能够得到土体含水量与土抗剪强度特性之间的关联关系，在实际工程中会很有实用性。因此，本自主实验设计的目的是要研究岩土体含水量对土体抗剪强度特性的影响规律。

2. 实验要求

(1)掌握测定土含水量的方法，并学会制备符合实验要求的不同含水量岩土试样。

(2)了解测定岩土抗剪强度特性仪器的工作原理和主要特点，并学会操作相关仪器设备。

(3)掌握测定岩土抗剪强度指标的合理方法。

(4)学会处理实验数据，并能够分析总结岩土工程性质影响岩土抗剪强度特性的实验规律。

A.2 实验计划与仪器

1. 实验计划

制备其他条件相同而含水量不同的一组黏土试样，利用三轴剪切仪或直剪仪等室内岩土抗剪强度测试仪，测定不同含水量条件下黏土抗剪强度指标，分析土含水量与土抗剪强度指标之间的关联关系。

2. 实验仪器

土的抗剪强度是指岩土体在外荷载作用下发生剪切破坏时的极限强度，也就是土体在各向主应力的某种组合作用下，在某一应力面上的剪切应力达到该值时，土体将沿该面发生剪切破坏。测定土抗剪强度特性的实验方法有室内实验、模型实验和现场测试。室内实验主要有直接剪切实验、三轴剪切实验、无侧限抗压强度实验等。现场测试的方法主要有十字板剪切实验、钻孔剪切实验和螺旋板压缩实验等。

直接剪切实验是一种室内测试岩土抗剪强度指标的常用方法。根据固结条件和剪切速率的不同，直接剪切实验可分为快剪、固结快剪和慢剪三种实验方法。以固结快剪为例，该类实验通常需要 3～4 个试样，每个试样在不同垂直固结压力 σ 下，施加水平剪应力，在水平面上进行剪切，求得试样破坏时的剪应力 τ，然后根据摩尔-库仑强度理论，画出极限应力圆包络线，确定土的抗剪强度参数黏聚力 c 和内摩擦角 φ 值。直剪仪器如图 3-1(a)所示。

三轴剪切实验是在三向应力状态下，测定土的抗剪强度参数的一种剪切实验方法。根据排水条件和固结条件不同，三轴剪切实验可分为固结排水实验、固结不排水实验和不固结不排水实验。以固结不排水实验为例，该类实验通常需要 3～4 个试样，分别在不同的恒定围压力下(即小主应力 σ_3)，施加轴向压力(即主应力差 $\sigma_1 - \sigma_3$)进行剪切直至破坏，然后根据摩尔-库仑强度理论，画出极限应力圆包络线，求得土的抗剪强度参数 c、φ 值。实验过程中若测得孔隙水压力，则可以得到土体的有效抗剪强度指标 c'、φ' 和孔隙水压力系数。应变式三轴剪切实验仪器如图 3-1(b)所示。

无侧限抗压强度实验指在无围压作用下，施加轴向作用力，测定试样达到破坏应变时所对应的轴向应力。此类实验通常只需要 1 个土样，由于实验操作较为简便，是测试土灵敏度的常用方法。无侧限抗压强度实验仪器见如图 3-1(c)所示。

(a)   (b)   (c)

图 3-1 岩土抗剪强度实验系统

(a)直剪实验仪；(b)应变式三轴剪切实验仪；(c)无侧限抗压强度实验仪

　　三轴剪切实验与直接剪切实验和无侧限抗压强度实验相比有如下优点：①可以控制试样排水条件，特别是对含水量高的黏性土的快剪实验；②可以控制大小主应力；③能准确地测定土试样的孔隙水压力及体积的变化；④与直接剪切实验相比，三轴剪切实验的试样剪切面不固定，土样能沿最薄弱面破坏。因此在以上三种实验仪器中，若实验条件允许将首选三轴剪切仪。但由于直剪仪操作简便，仪器数量多，学生更有机会自主操作使用实验仪器，因此也可采用直剪仪来开展实验。

A.3 实验方案与步骤

1. 实验方案

　　为了实现实验目的，需在开始实验前自行设计实验方案，如下为参考实验方案，见表3-1。

不同含水量条件下的岩土抗剪实验方案(示意)   表 3-1

实验方法	实验编号	初始含水量 (%)	初始孔隙比	干密度 (g/cm³)	对应的饱和度 (%)
固结不排水	CU1	2	0.73	1.56	7
	CU2	6			22
	CU3	10			37
	CU4	14			52
	CU5	18			67
	CU6	22			82
	CU7	24			89
	CU8	27			100

　　注：1. 表中设计的不同初始含水量的土样，可以根据实验结果适当增减；

　　　　2. 表中的一系列初始含水量具体数值，并非在实际制备土样时要求精确达到，可根据实际制备土样过程作小幅调整。

2. 实验步骤

(1)测定土的基本物理性质指标(包括含水量、相对密度、液塑限、颗粒级配、渗透系数等),判定土的类型。

(2)筛选风干后的重塑土。将所取天然土样切碎,进行风干。将风干土样进行碾磨,用 2mm 的分析筛将筛上大于 2mm 的粗颗粒去掉,保留通过分析筛的小于 2mm 孔径的风干土样。筛选过程中,尽可能保持土颗粒级配以免影响土样的工程性质。

(3)制备各种含水量的重塑土。取过 2mm 土筛的足够风干土,测定其含水量,根据实验方案中预先要求的含水量标准,往风干土中加入需要的蒸馏水量,在加水过程中避免水量损失。将加水后的重塑土用保鲜膜封住静置 24h 后再测其含水量,以核对与实验方案中要求的含水量是否一致。若不一致,则需重新风干和加水以达到要求的含水量,或者适当小幅修改实验方案中的设计含水量。然后把配置好的重塑土样制备在直径 $\phi=39.1mm$,高度 h=80mm 的三轴饱和器中,分 5 层填入,保证土样填充均匀,控制最终土样的质量,以达到初始孔隙比。每个对应的初始含水量需要制备 3~4 个试样。

(4)将饱和器中的三轴试样放到三轴剪切实验仪上,施加不同的围压,如 100kPa、200kPa、300kPa 和 400kPa,每小时记录一次竖向变形,直至变形稳定。然后对试样进行静三轴固结不排水剪切实验(CU 剪切实验),剪切速率为 0.075%/min,直至试样剪切破坏。在实验进行时,实验仪器会自动记录应力和应变等实验数据。

(5)当三轴剪切实验结束后,及时测定试样的含水量,此时的含水量为试样固结完成后的含水量,与初始含水量会有区别。

(6)数据整理。参照《土工实验规程》SL 237—1999 中关于土的抗剪强度实验进行数据处理。

(7)分析实验结果。通过数据整理,可获得不同含水量下试样的剪应力与剪切位移的关系曲线,以及不同含水量下试样的抗剪强度指标。并据此分析含水量对岩土内摩擦角和黏聚力的影响,获得含水量对土抗剪强度的影响规律。在此基础上,还可对实验结果和影响规律进行机理分析。

3.2.2 扩展实验 A-1 考虑不同实验方法的岩土抗剪强度特性实验

岩土抗剪强度特性实验中的实验方法可包括剪切方式、剪切速率和应力路径等方面。通过不同的实验方法,所获得的岩土抗剪强度特性会有所不同。比如三轴剪切实验中试样的剪切面不固定,而直接剪切实验中试样的剪切面固定,这种不同的剪切方式会引起土抗剪强度指标的差异。再比如在路基填筑过程中,若填筑速度过快,可能会导致路基失稳破坏。实际工程中不同的施工工况可用不同的实验方法来模拟,如用剪切速率来模拟路基填土的堆载速度。

现以实验方法中剪切速率这单一影响因素为例,介绍此类自主实验的设计过程。

A-1.1 实验目的与要求

1. 实验目的

本实验设计的目的是要研究原状结构性黏土的剪切速率力学效应,探讨剪切速率对结构性黏土抗剪强度特性的影响规律。

2. 实验要求

(1)学会制备符合实验要求的原状结构性黏土试样。

(2)学会操作三轴剪切实验仪。

(3)学会处理实验数据,并能够对比分析总结剪切速率对岩土抗剪强度特性的实验影响规律。

A-1.2　实验计划与仪器

1. 实验计划

以天然沉积的饱和原状结构性黏土为研究对象,开展不同剪切速率条件下的三轴剪切实验,分析剪切速率对岩土抗剪强度特性的影响。

2. 实验仪器

选用三轴剪切实验仪器(可参见本章实验 A 中的实验仪器介绍内容)。

A-1.3　实验方案与步骤

1. 实验方案

根据实验目的,自行设计不同剪切速率下的岩土抗剪实验方案,如下为参考的实验方案,见表 3-2。

不同剪切速率下的结构性黏土三轴固结不排水剪切实验方案(示意)　　　　表 3-2

实验编号	固结围压 (kPa)	剪切速率 (%/min)	实验编号	固结围压 (kPa)	剪切速率 (%/min)
SL1-1	50	0.1	SL3-1	150	0.1
SL1-2	50	0.2	SL3-2	150	0.2
SL1-3	50	0.3	SL3-3	150	0.3
SL1-4	50	0.5	SL3-4	150	0.5
SL2-1	100	0.1	SL4-1	200	0.1
SL2-2	100	0.2	SL4-2	200	0.2
SL2-3	100	0.3	SL4-3	200	0.3
SL2-4	100	0.5	SL4-4	200	0.5

注:1. 表中设计的剪切速率,可以根据实验结果适当增减;

2. 表中设计的固结围压,需要结合实际土样的沉积条件确定。

2. 实验步骤

(1)测定原状结构性黏土的灵敏度和其他物理性质指标,判定土的类型。

(2)制备原状土样。在实验室内,用钢丝锯和削土刀切取直径 $\phi=39.1$mm,高度 $h=80.0$mm 的实心圆柱状土样,在削样过程需尽量避免对土样的扰动。

(3)土样抽真空饱和。试样制备好后,再采用抽气饱和法对试样进行抽气真空饱和,抽气缸内压力为 $(2\sim3)\times10^3$Pa,真空抽气 2h 后,缓慢放水,直至淹没土样,然后打开抽气缸恢复缸内大气压力。抽气真空饱和后,测定本实验土样的饱和度能够在98%以上。

(4)进行三轴剪切实验。当抽气真空饱和完毕后,便可按照表 3-2 的实验方案对试样进行静三轴固结不排水剪切实验(CU 剪切实验)。在实验过程中,先让每个试样在不同的恒定围压下固结,每小时记录一次竖向变形和孔隙水压力,当固结度达到95%以后,维持围压不变,进行不同剪切速率的固结不排水实验,直至试样剪切破坏或达到规定的应变。在实验进行时,需要记录或测算实验土样的应力、应变和孔压等实验数据。

（5）当三轴剪切实验结束后，及时测定试样的含水量，此时的含水量为试样固结完成后的含水量。

（6）数据整理。数据整理方法与本章实验 A 的数据整理方法相同。

（7）分析实验结果。通过数据整理，可获得不同剪切速率下的原状结构性黏土的剪应力与剪切位移关系曲线，不同剪切速率下的孔隙水压力与剪切位移关系曲线，以及不同剪切速率条件下的抗剪强度指标。并据此分析剪切速率对内摩擦角和黏聚力的影响，分析剪切速率对土抗剪强度影响的变化规律。在此基础上，可进一步对实验结果和变化规律进行机理分析。

3.2.3 扩展实验 A-2 考虑不同实验条件的岩土抗剪强度特性实验

岩土抗剪强度特性实验中的实验条件可包括排水条件、先期固结压力和固结时间等方面。在不同的实验条件下，土的抗剪强度特性会有所不同。比如改变实验中的排水条件，三轴剪切实验会有固结排水剪切和固结不排水剪切的区别，所得到的抗剪强度指标也是不一样的。

考虑不同实验条件的岩土抗剪强度特性实验，是要在能够测定岩土物理工程性质的基础上，分析不同实验条件对岩土抗剪强度特性的影响规律。现以先期固结压力单一实验条件的改变为例，介绍此类自主实验的设计过程。

A-2.1 实验目的与要求

1. 实验目的

实验设计的目的是要研究先期固结压力对重塑黏土的力学效应，探讨先期固结压力对重塑黏土的抗剪强度特性的影响特征。

2. 实验要求

（1）学会制备符合实验要求的重塑黏土试样。

（2）学会操作直接剪切实验仪器。

（3）学会处理实验数据，并能够分析先期固结压力对岩土抗剪强度特性影响的变化规律。

A-2.2 实验计划与仪器

1. 实验计划

以饱和重塑黏土为研究对象，开展考虑先期固结压力影响的固结快剪直接剪切实验，分析剪切速率对岩土抗剪强度特性的影响特征。

2. 实验仪器

选用直接剪切实验仪器（可参见本章实验 A 中的实验仪器介绍内容）。

A-2.3 实验方案与步骤

1. 实验方案

采用饱和重塑黏土为研究对象，以实验剪切前的垂直固结压力模拟先期固结压力。若剪切时的垂直压力大于固结时的垂直压力，该土样为欠固结土；若剪切时的垂直压力小于固结时的垂直压力，该土样为超固结土；若剪切时的垂直压力等于固结时的垂直压力，该土样为正常固结土。根据实验目的和实验计划，采用直剪实验仪进行固结快剪实验，自行设计先期固结压力大小和实验方案。表 3-3 为示意的实验方案。

先期固结压力不同的重塑黏土直接剪切实验方案（示意）　表 3-3

实验编号	固结时垂直压力 （kPa）	剪切时垂直压力 （kPa）	实验编号	固结时垂直压力 （kPa）	剪切时垂直压力 （kPa）
GK1-1	50	100	GK3-1	150	300
GK1-2	100	100	GK3-2	300	300
GK1-3	150	100	GK3-3	450	300
GK1-4	200	100	GK3-4	600	300
GK2-1	100	200	GK4-1	200	400
GK2-2	200	200	GK4-2	400	400
GK2-3	300	200	GK4-3	600	400
GK2-4	400	200	GK4-4	800	400

注：1. 表中设计的固结时垂直压力即为先期固结压力，可以根据实验结果适当调整。
　　2. 重塑土样的初始孔隙比可以参考同类土样原状土的孔隙比来确定。

2. 实验步骤

（1）测定重塑土的基本物理性质指标，判定土的类型。

（2）筛选风干后的重塑土。风干后重塑土的筛选办法可参见本章实验 A 中实验步骤（2）的相应内容。

（3）制备重塑土样。取过 2mm 土筛的足够风干土，测定其含水量，根据预先设计的土体孔隙比和饱和状态下的含水量，计算并往风干土中加入需要的蒸馏水量，在加水过程中避免水量损失。将加水后的重塑土用保鲜膜封住静置 24h。然后把配置好的重塑土样制备在直径 $\phi=61.8$mm，高度 $h=20.0$mm 的直剪环刀中，分 4 层填入，保证土样填充均匀，控制最终土样的质量，以达到初始孔隙比。

（4）饱和直剪试样。试样制备好后，采用抽气饱和法对试样进行抽气真空饱和。抽气真空饱和后，要求土样饱和度达到 98% 以上。

（5）进行直接剪切实验。将环刀饱和器中的直剪试样放到直剪仪上，按照实验方案施加不同的垂直固结压力，固结开始后每小时记录一次竖向变形和孔隙水压力，直至固结变形稳定。然后对试样进行固结快剪直接剪切实验，剪切速率为 0.8mm/min，直至试样剪切破坏。

（6）数据整理。数据整理方法与本章实验 A 的数据整理方法相同。

（7）分析实验结果。通过数据整理，可获得不同先期固结压力下重塑土样的剪应力与剪切位移的关系曲线以及不同超固结比条件下重塑土样的抗剪强度指标，并据此分析先期固结压力对土体应力应变关系影响以及超固结比对重塑土内摩擦角和黏聚力的影响，同时可分析先期固结压力和超固结比对土抗剪强度的影响规律。在此基础上，可进一步对实验结果和影响规律进行机理分析。

3.3　岩土固结变形特性的自主实验

3.3.1　实验 B　考虑不同岩土工程性质的固结变形特性实验

岩土固结变形特性是指岩土在固结压力作用下体积缩小的性能，是岩土材料重要的工程力学特性之一。在基础工程中所遇到的常规压力作用下，若忽略土颗粒和水的压缩性，岩土的压缩性可认为是由于土中孔隙体积的缩小所致（此时土孔隙中的水或气体将被部分排出）。岩土固结变形特性包括主固结变形特性和次固结变形（也称为蠕变）特性。有关岩土固结变形特性的指标是用来判断土体压缩性和建筑物沉降特性的重要参数，如压缩系数、压缩指数、压缩模量、固结系数等，在岩土工程中有广泛应用。影响岩土固结变形特性的影响因素有很多，岩土工程性质是其中重要的一类影响因素。

开展岩土工程性质对岩土固结变形特性的影响实验研究，就是要在测定岩土物理工程性质的基础上，通过岩土固结变形实验，分析岩土工程性质对岩土固结变形特性的影响。现以岩土工程性质中土结构性单一影响因素为例，介绍此类自主实验的设计过程。

B.1 实验目的与要求

1. 实验目的

实验设计的目的是要研究原状土和重塑土的主固结变形特性，探讨土的结构性对岩土主固结变形特性的影响规律。

2. 实验要求

（1）学会制备符合实验要求的原状结构性黏土试样和相应的重塑黏土试样。

（2）学会操作固结实验仪。

（3）学会处理分析固结实验的实验数据，研究原状土和重塑土的主固结变形特性，并分析探讨土结构性对岩土主固结变形特性的影响规律。

B.2 实验计划与仪器

1. 实验计划

制备原状结构性黏土试样和相同孔隙比的重塑黏土试样，利用固结实验仪测定两种试样的主固结变形特性评价指标，分析土结构性对岩土主固结变形特性指标的影响。

2. 实验仪器

岩土固结变形特性实验的目的是测定土在压力作用下体积缩小的性能，分析体变或变形与压力的关系，或变形与时间的关系，以便计算岩土固结压缩变形指标。开展岩土固结变形特性的室内实验主要有三轴固结实验和侧限固结实验，所采用的仪器分别为三轴仪和固结压缩仪。

三轴固结实验是将天然状态下的原状土或人工制备的重塑土样制备成一定规格的土样，然后置于三轴仪内，在不同围压和轴向压力作用下测定土的固结变形特性。三轴固结实验可以控制实验过程中的排水条件，在研究岩土次固结变形特性时经常采用。实验仪器参见本章实验A中关于三轴仪的实验仪器介绍。

侧限固结实验是将天然状态下的原状土或人工制备的重塑土样制备成一定规格的土样，然后置于单轴固结仪内，在不同的恒定荷载和在不允许侧向变形的条件下测其固结变形随时间的变化规律。单轴固结压缩仪如图3-2所示。侧限固结实验在研究土主固结变形特性时应用较多。

图3-2 三联单轴固结压缩仪

本次实验是针对岩土主固结变形特性的研究，仪器可选用三联单轴固结压缩仪。

B.3　实验方案与步骤

1. 实验方案

根据实验目的，以饱和结构性原状土和对应的重塑土为研究对象，自行设计包括压缩和回弹过程的固结实验方案，见表 3-4。

原状土和对应重塑土的侧限固结实验方案（示意）　　　　表 3-4

实验编号	固结应力的加载顺序（kPa）	土样描述
SY1	12.5, 19, 28, 42, 63, 100, 125, 150, 175, 200, 175, 150, 125, 100, 125, 150, 175, 200, 300, 400, 600, 800, 1200, 1600	原状样
SY2	12.5, 19, 28, 42, 63, 100, 125, 150, 175, 200, 175, 150, 125, 100, 125, 150, 175, 200, 300, 400, 600, 800, 1200, 1600	重塑样

注：原状样和重塑样的密度和孔隙比均相同。

2. 实验步骤

（1）测定原状结构性黏土的灵敏度和其他物理性质指标，判定土的类型。

（2）制备固结土样。①首先制备原状土样。在实验室内，先用小刀把原状土削成稍大于环刀大小的土样，然后再用环刀由上而下垂直下压切取直径 $\phi = 61.8$mm，高度 $h = 20.0$mm 的原状固结试样，边压边削，在制样过程中需尽量避免对土样的扰动。②然后制备重塑土样。先将原状土的余土风干，然后加入适量的水，用保鲜膜封住静置 24h 后，调配成与原状土相同含水量的重塑土。把配置好的重塑土样制备在直径 $\phi = 61.8$mm，高度 $h = 20.0$mm 的环刀中，分 3 层填入，保证土样填充均匀，控制最终土样的质量，以达到与原状土一样的孔隙比。

（3）饱和试样。试样制备好后，采用抽气饱和法对试样进行抽气真空饱和。抽气真空饱和后，土样饱和度宜达到 98％以上。

（4）固结和压缩。按照实验方案的加载方式进行固结实验。具体操作可参见《土工试验规程》SL 237—1999。

（5）测定实验后土样密度和含水量。在固结实验结束后，排干固结仪上固结容器中的水分，取出带环刀的土样，测试其密度和含水量。

（6）数据整理。参照《土工实验规程》中关于土的固结实验内容进行数据处理。

（7）分析实验结果。通过数据整理，可获得原状土和重塑土的压缩和回弹变形曲线和固结压缩指标，并分析土结构性对土体固结变形特性和固结压缩指标的影响。

3.3.2　扩展实验 B-1　考虑不同实验方法的岩土固结变形特性实验

岩土固结变形特性实验中的实验方法可包括固结应力加载方式、固结应力加载速率和固结应力加载路径等方面。不同的实验方法，可对应不同的岩土固结变形特性。比如采用不同固结应力加载路径，最终的岩土固结变形量会有差异。

现以不同固结应力加载路径单一影响因素为例，介绍此类自主实验的设计过程。

B-1.1　实验目的与要求

1. 实验目的

实验设计的目的是要研究在不同固结应力加载路径作用下重塑土的主固结变形特性，探讨不同固结应力加载路径对岩土主固结变形特性的影响特征。

2. 实验要求

（1）学会制备符合实验要求的重塑土黏土试样。

（2）学会操作固结实验仪。

（3）学会处理分析实验数据，研究重塑土的主固结变形特性，并能够得到探讨不同固结应力加载路径对岩土主固结变形特性的影响特征。

B-1.2　实验计划与仪器

1. 实验计划

制备一组重塑黏土试样，利用固结仪开展不同固结应力加载路径作用下的重塑土固结变形特性实验，获得固结变形的评价指标，分析不同固结应力加载路径对岩土主固结变形特性指标的影响规律。

2. 实验仪器

本次实验选用单轴固结压缩仪（参见本章实验 B 中的实验仪器介绍内容）。

B-1.3　实验方案与步骤

1. 实验方案

根据实验目的，以饱和重塑土为研究对象，自行设计固结实验方案（示意），见表 3-5。

不同固结应力加载路径下的侧限固结实验方案（示意）　　　　表 3-5

实验编号	固结应力的加载路径（kPa）
GJ1	12.5, 19, 28, 42, 63, 95, 142, 214, 320, 481, 721, 1000
GJ2	12.5, 22, 38, 67, 117, 205, 359, 628, 1000
GJ3	12.5, 25, 50, 100, 200, 400, 800, 1000
GJ4	12.5, 28, 63, 142, 320, 721, 1000
GJ5	12.5, 31, 78, 195, 488, 1000

2. 实验步骤

（1）测定重塑黏土的物理性质指标，判定土的类型。

（2）制备重塑土固结土样。参见本章实验 B 的制备土样方法。

（3）饱和试样。参见本章实验 B 的饱和试样方法。

（4）固结和压缩。按照表 3-5 的实验方案加载路径进行固结实验。具体操作可参见《土工试验规程》。

（5）测定实验后土样密度和含水量。在固结实验结束后，排干固结仪上固结容器中的水分，取出带环刀的土样，测试其密度和含水量。

（6）数据整理。数据整理方法与本章实验 B 的数据整理方法相同。

（7）分析实验结果。通过数据整理，可获得不同固结应力加载路径下重塑土的固结压缩曲线和固结压缩指标，并分析不同固结应力加载路径对土体固结变形特性和固结压缩指标的影响。

3.3.3 扩展实验 B-2 考虑不同实验条件的岩土固结变形特性实验

岩土固结变形特性实验中的实验条件可包括排水条件、先期固结压力和固结时间等方面。通过设置不同的实验条件，可研究在不同实验条件下岩土固结变形特性和变化规律。比如为考虑排水条件的改变对地基土固结变形特性的影响，可以在室内固结实验中通过设置不同的排水条件来实现。

现以排水条件单一影响因素为例，介绍此类自主实验的设计过程。

B-2.1 实验目的与要求

1. 实验目的

实验设计的目的是要研究在不同排水条件下的软土次固结变形特性，探讨排水条件对软土次固结变形特性的影响规律。

2. 实验要求

（1）学会制备符合实验要求的重塑土黏土试样。

（2）学会操作三轴实验仪。

（3）学会处理分析实验数据，研究重塑土的次固结变形特性，并能够分析探讨排水条件对岩土次固结变形特性的影响特征。

B-2.2 实验计划与仪器

1. 实验计划

制备一组重塑黏土试样，利用三轴仪开展不同排水条件和不同剪应力水平作用下的重塑土次固结变形特性实验，获得次固结变形的评价指标，分析排水条件对岩土次固结变形特性指标的影响规律。

2. 实验仪器

本次实验选用三轴仪器（参见本章实验 A 中的实验仪器介绍内容）。由于次固结实验要求在恒定的应力下进行，而目前实验室中的三轴仪为应变控制式，但只要在原有基础上对其改装恒定压力的加载系统便可实现，具体可参考本章主要参考文献［7］进行改装。

B-2.3 实验方案与步骤

1. 实验方案

根据实验目的，以重塑土为研究对象，自行设计三轴固结蠕变实验方案，实验方案（示意）见表 3-6。在实验中所施加的各级轴向剪应力，应根据土的抗剪强度来确定。在指定的排水条件下，如土的不排水抗剪强度为 q，蠕变实验分 N 级加载（拟定 $N=6$），则每级施加的偏应力 $\Delta q = q/N$。

三轴固结蠕变实验方案（示意）   表 3-6

实验编号	围压 （kPa）	轴向剪应力级数	排水条件
RB1	50	1→2→3→4→5→6	不排水
RB2	50	1→2→3→4→5→6	排水
RB3	100	1→2→3→4→5→6	不排水
RB4	100	1→2→3→4→5→6	排水
RB5	150	1→2→3→4→5→6	不排水
RB6	150	1→2→3→4→5→6	排水

说明：由于排水条件对土抗剪强度的影响，在同一围压下，由于排水条件不同，同一级的轴向剪应力大小是不同的。

2．实验步骤

（1）测定重塑土的基本物理性质指标，判定土的类型。

（2）筛选风干后的重塑土。将所取天然土样切碎，进行风干。将风干土样进行碾磨，用 2mm 的分析筛将筛上大于 2mm 的粗颗粒去掉，保留通过分析筛的小于 2mm 孔径的风干土样。

（3）制备饱和重塑土样。取风干土样，加入适量的水，用保鲜膜封住静置 24h 后，调配成与对应或类似原状土相同含水量的重塑土。然后把配置好的重塑土样制备在直径 $\phi=$ 39.1mm，高度 $h=80$mm 的三轴饱和器中，分 5 层填入，保证土样填充均匀，控制最终土样的质量。保证每个土样具有相同的初始孔隙比。

（4）饱和试样。试样制备好后，采用抽气饱和法对试样进行抽气真空饱和。抽气真空饱和后，应让土样饱和度达到 98% 以上。

（5）固结加载。按照实验方案的加载方式进行三轴固结蠕变实验。

（6）测定实验后土样密度和含水量。在固结实验结束后，取出三轴固结土样，测试其密度和含水量。

（7）数据整理。数据整理方法与本章实验 B 的数据整理方法相同。

（8）分析实验结果。通过数据整理，可获得不同排水条件下重塑土的次固结压缩曲线和次固结压缩指标，并分析排水条件对土体次固结变形特性和次固结压缩指标的影响。

3.4 岩土模型实验的自主实验

模型实验是土工自主实验中经常采用的实验研究手段。现结合自制模型箱，围绕"双层地基受力特性的模型实验"，介绍该类岩土模型自主实验的设计过程。

实验 C 双层地基受力特性的模型实验

C.1 实验目的与要求

1．实验目的

一般情况下，将地基视为理想的均质各向同性弹性土体时土中附加应力的计算与土的性质无关。但在实际工程中，地基往往是由软硬不一的多种土层所组成，其变形特性在竖直方向差异较大，应属于成层地基的受力特性问题。目前，成层地基受力特性的理论和实验研究均有重要的工程应用价值。

现假设地基是由软硬不一的双层地基土构成，通过模型实验来分析双层地基的受力特性，分析软硬不同的土层对地基应力分布和变形特征的影响。

2．实验要求

（1）学会制备模型实验箱。

（2）学会分层填土形成双层地基土，并能够开展地基受力特性实验。

（3）学会处理分析实验数据，并得到双层地基的受力特性。

C.2 实验计划与仪器

1．实验计划

以双层地基土为研究对象，模拟上软下硬和上硬下软两种情况，开展双层地基的载荷实验，分析软硬不同的土层对地基应力分布和变形特征的影响。

2. 实验仪器

为了实现本实验目标和计划，需要准备或自制如下仪器设备和装置。

（1）模型槽：高 50cm、宽 50cm、厚 20cm，其示意图如图 3-3 所示。

该模型槽为一个 50cm 高、50cm 宽和 20cm 厚的长方体。骨架系统由型钢焊接而成，保证整个装置具有足够的强度和刚度，避免装置本身发生较大变形影响实验。四周为 1cm 厚的透明塑料玻璃，可以透过玻璃板观察土体内部情况，正面玻璃板上刻有刻度，以控制填土厚度，同时也可以测量土体内部变形情况。实验装置内部根据需要可以填筑砂土、粉土以及黏性土，模拟不同弹性模量的土层。土样填筑过程中分层填筑水平色砂线，竖向色砂线可由彩色纸张代替，通过水平色砂线的变形来反映土体内部分层沉降，通过竖向色砂线的变形来反映土体侧向变形。土体表面盖上一块钢板作为加载板，在钢板上加砝码来实现地基加载，通过百分表或位移计来读取加载量对应的沉降量。

（2）承压板：钢质承压板，厚度不小于 20mm，面积不小于 $0.01m^2$。

（3）手动或液压千斤顶、拉压测力计、应变仪、百分表或位移传感器、反力架、表架、天平、环刀、烘箱等。

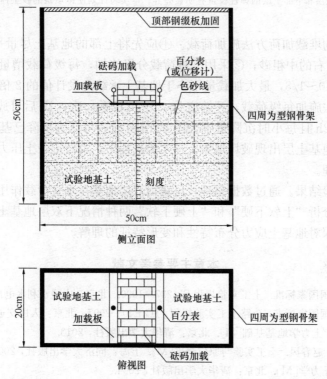

图 3-3　模型实验装置示意图

C.3　实验方案与步骤

1. 实验方案

根据实验目的，自行设计实验方案，如下为参考实验方案，见表 3-7。

2. 实验步骤

（1）准备两种重塑土，测定这两种土样的基本物理性质指标，判定土的类型。

（2）填筑双层地基土。按照实验方案，往模型箱中分层填筑土料，在指定位置放置压力盒，控制每层土的填土质量，测定分层土的孔隙比和含水量。同步制备相同孔隙比和含水量的土样，测定该土样的压缩模量和抗剪强度指标。在填筑双层地基土时，需要保证上下层土的压缩模量有明显差异。

双层地基受力特性的模型实验方案（示意）　　　　　　　　表 3-7

实验编号	下部土层材料	下部土层厚度 （cm）	上部土层材料	上部土层厚度 （cm）
1	黏土	30	砂土	15
2	砂土	30	黏土	15
3	黏土	15	砂土	30
4	砂土	15	黏土	30

注：1. 加荷方式有千斤顶加荷和重物堆载加荷，本实验选用重物堆载加荷。

2. 在填筑土层时，需事先通过击实实验，获得单位体积的土样质量与弹性模量的关系。

3. 保证上部土层和下部土层的弹性模量有明显差异，本实验计划使得填筑的砂土弹性模量大于黏土弹性模量。

（3）采用重物堆载加荷方法施加荷载。①应先将上部的地基土尽量平整，若不平整，可以铺 1～2cm 左右的中粗砂；②采用等量荷载分级施加，每级荷载增量取双层地基土预估极限荷载的 1/10～1/8，最大加载量不小于地基土承载力设计值的 2 倍；③确定等量荷载后，采用慢速法施加每级荷载，开始应 5～15min 读数一次，1h 后可放宽到 30～60min 读一次，当连续 2h 且每小时沉降量不大于 0.1mm 时，可认为沉降已基本稳定，可加下一级荷载，直至地基土层出现破坏现象。在实验过程中，及时记录土压力和土变形量。

（4）数据整理。

（5）分析实验结果。通过数据整理，可获得双层地基在垂直荷载作用下的应力分布和变形情况，对比分析"上软下硬"和"上硬下软"两种情况下双层地基土应力分布和变形情况的差异，加深对地基土应力分布特性和变形特征的理解。

本章主要参考文献

[1] 中华人民共和国国家标准. 土工实验规程 SL 237—1999. 北京：中国水利水电出版社，1999.

[2] 中华人民共和国国家标准. 公路土工实验规程 JTG E40—2007. 北京：人民交通出版社，2007.

[3] 陈希哲，叶菁. 土力学地基基础[M]. 北京：清华大学出版社，2013.

[4] 袁聚云，徐超，赵春风. 土工实验与原位测试[M]. 上海：同济大学出版社，2004.

[5] 李广信. 高等土力学[M]. 北京：清华大学出版社，2004.

[6] 蔡羽，孔令伟，郭爱国，等. 剪应变率对湛江强结构性黏土力学性状的影响[J]. 岩土力学，2006，27（8）：1235-1240.

[7] 陈碧君，曾静，艾东海. 蠕变三轴仪的改装与验证[J]. 土工基础，2012，26(6)：95-97.

第 4 章　废弃物再生道路材料配合比实验

4.1　概　述

道路工程中的核心问题之一是通过混合料配合比设计获得具有最佳路用性能的路基路面材料。本章着重介绍固体废弃物再生材料路用性能综合试验，内容包括试验方法指导和试验实例分析两部分。其中，材料的配合比设计是重点内容，而性能测试则是基本试验的有效组合。本章阐述了半刚性复合路面、再生固化基层和轻质混合土路基配合比试验方法，列举了水泥基砂浆灌入式复合路面、建筑废弃物再生固化（底）基层以及废弃 EPS 再生混合轻质路基的系列配合比设计方案及相关力学性能测试试验方法及流程。废弃物再生利用可解决废物处治问题，同时提供可用道路建材，减少天然建材用量，满足环境保护和可持续发展要求，达到资源节约和环境保护功效。

4.2　实　验　方　法

4.2.1　半刚性复合面层

1. 试验目的

了解半刚性复合面层的组成特点及其路用性能，掌握大孔隙沥青混合料配合比以及水泥基浆液设计方法，学会马歇尔击实仪、（浸水）马歇尔试验仪、轮碾成型机以及车辙试验仪等设备的正确使用方法。

2. 试验原理

在开级配大孔隙沥青混合料基体中掺入（或灌入）水泥基材料，即可形成半刚性面层材料。该类型材料铺筑的道路路面可克服当前沥青路面的固有缺陷，并有效消除沥青路面各类病害，具有较强的抗车辙、抗推移性能。

（1）强度机理：该类路面属于密实—骨架嵌挤型结构。在填充空隙的水泥基材料胶结后，形成密实、高强的胶结成分，与沥青混合料骨架结构共同作用，承担外部（汽车）荷载作用，同时具有密闭防水特性。

（2）高温稳定性：水泥基材料凝结硬化后具有水泥混凝土路面的部分特性。一方面，表面色泽接近白色而不易吸热；另一方面，水泥胶结物温度稳定性好。因此，该类路面高温稳定性优于普通沥青混凝土路面。

（3）低温抗裂性：由于骨架结构为沥青混合料（柔性材料），因此该类路面低温抗裂性能优于普通水泥混凝土路面，而且可以不设（少设）温度接缝，行车平稳舒适。

（4）其他特性：沥青混合料经过灌注水泥基材料改性后，复合路面同时具有耐油污、耐酸和可着色等特性。

3. 试验步骤（以灌浆法为例）

（1）沥青混合料配合比设计

灌浆法半刚性面层的设计要求水泥乳浆灌注、渗透到沥青面层空隙中去。参照《公路沥青路面施工技术规范》JTG F40—2004 热拌沥青混合料配合比设计方法，采用马歇尔方法设计空隙率≥20％的大空隙沥青混合料基体，同时要求材料满足强度和温度稳定性等基本要求。

为使混合料达到较大空隙率，要求设计采用间断开级配矿质集料（可以选用建筑废弃物再生骨料）：①粗集料占集料总量80％左右，②基本采用单一粒径，③粗集料的间隙以少量细集料和矿粉填充。表 4-1 和表 4-2 为大孔隙沥青混合料矿质集料参考级配。

灌浆法路面沥青混合料推荐级配（圆孔筛）　　　　　表 4-1

孔径（mm）		25	20	13	5	2.5	0.6	0.0074	油石比（％）
通过率（％）	级配一	100	95～100	50～70	5～30	3～25	2～12	0～5	3～5
	级配二		100	95～100	5～30	3～25	2～12	0～5	

日本透水性沥青混合料级配（方孔筛）　　　　　表 4-2

孔径（mm）	19	13.2	4.75	2.36	0.6	0.3	0.15	0.075	油石比（％）
通过率（％）	100	90～100	11～35	8～25	5～7	4～14	3～10	2～7	4～6

依据已有试验成果，对于大孔隙（骨架空隙结构）沥青混合料，以传统马歇尔设计指标作为参考校核指标，同时规定马歇尔稳定度 DS≥3.5×10³kN，流值 FL 控制在 20～40（0.1mm）之间。

参照表 4-1 和表 4-2 级配范围初拟矿料级配，参照《公路工程沥青及沥青混合料试验规程》JTG E20—2011，采用击实法进行沥青混合料试件制作，每面击实 50 次制备试件，选择空隙率≥20％的若干个沥青用量，进行马歇尔试验，从而确定满足空隙率、耐久性、强度要求的最佳油量。如果空隙率达不到预定值时，应进行级配调整。矿质集料级配设计方法参考附录 1 或严家伋编著的《道路建筑材料》（第 3 版）第 1 章第 2 节"矿质混合料的组成设计"。

（2）水泥乳浆设计

水泥乳浆设计包括确定水灰比、减水剂的选择与掺量、高分子聚合物 PR 及其他外掺剂的选择与掺量几方面内容。水泥乳浆要能够完全均匀地充满沥青混合料母体骨架空隙，因此灌注所用的水泥乳浆必须达到以下要求：

①分散性：水泥颗粒均匀分散于水中形成乳浆。②悬浮性：水泥颗粒呈悬浮状态而且不因重力而下沉。③稳定性：水泥颗粒处于相对稳定状态而不发生分层离析现象。④渗透性：较强深入沥青混合料孔隙能力。⑤早强性：为了缩短养生时间，规定 7d 抗压强度 5～25MPa，抗折强度≥3.0MPa。可以参照表 4-3 进行水泥乳浆配置。

水泥乳浆中各成分的比例　　　　　表 4-3

材料	水泥	PR 添加剂	缓凝剂	减水剂	水
重量比（％）	53～66	0～5	0～2	0～3	28～35

配制时准确算出外掺剂、水和水泥用量。把外掺剂加入水中，搅拌 3min 左右，使外掺剂完全溶于水中，成为淡黄色溶液。然后，加入水泥搅拌均匀，成为乳浆，搅拌应均匀平稳，防止空气进入产生气泡，影响使用性能。水泥乳浆稠度要求控制在 10～16s（沥青流出型黏度仪测定，孔径 5mm）或 24～40s（泥浆稠度仪测定），以满足灌浆要求。

（3）性能测试

A. 试件制作

① 初拟矿料级配。参照表 4-1 与表 4-2 推荐级配范围，初拟沥青混合料矿料级配。

② 估计沥青用量。按照《公路沥青路面设计规范》JTG D50—2006 推荐沥青用量范围，估计适宜的沥青用量；以估计沥青用量为中值，按 0.5% 间隔变化，取 5 个不同沥青用量，各制备 1 组马歇尔试件。

③ 测定试件密度。按照规定试验方法测定试件密度，计算空隙率、沥青饱和度及矿料间隙率等物理指标

④ 待试件温度较低时（低于 50℃时）即可进行灌浆，灌浆在振动过程中完成，灌浆的数量按空隙率估算，实际灌浆以灌满、不再进浆为止。

⑤ 表面余浆予以清除，以保证表面纹理深度要求。对成型试件覆盖 24h 进行养护。

B. 试验内容

参照《公路工程沥青及沥青混合料试验规程》JTG E20—2011 试验步骤，按照马歇尔设计方法开展马歇尔试验、车辙试验和三轴试验，检验半刚性面层材料高温稳定性、水稳定性和抗剪切性能（表 4-4）。根据试验结果优选出合理的沥青用量、水灰比、外掺剂类型和用量等指标。

沥青混合料配合比设计试验内容 表 4-4

路用性能	试验方法	试验数据
①高温稳定性	车辙试验	动稳定度
②水稳定性能	浸水马歇尔试验	残留稳定度
	冻融劈裂试验	强度比
③抗剪切性能	混合料剪切试验	抗剪强度

① 水稳定性检验：按最佳沥青用量 OAC 制作马歇尔试件，然后进行浸水马歇尔试验或真空饱水马歇尔试验，检验残留稳定度是否满足规范要求；否则，调整矿料级配和沥青用量，重新进行配合比设计，确定矿料级配和沥青用量或采用掺入抗剥剂的方法提高水稳定性。

② 高温稳定性检验：按最佳沥青用量 OAC 制作车辙试验试件，在 60℃ 条件下用车辙试验机检验其高温抗车辙性能。当 OAC 与 OAC_1、OAC_2 相差较大时，应分别制作试件进行车辙试验，根据试验结果对 OAC 进行适当调整。依据测试结果检验动稳定度是否满足规范要求；否则，调整矿料级配和沥青用量，重新进行配合比设计，确定矿料级配和沥青用量。

③抗剪切性能检验：在交叉口路段，车辆频繁的刹车、启动和转向，荷载作用在路面结构层的剪切应力远大于非交叉口路段，当混合料抗剪能力不足时，容易导致结构层破坏。试验方法：对马歇尔试件进行 3 个围压以上三轴剪切，以获得复合路面材料的抗剪

强度。

4.2.2 废弃物再生固化基层

1. 试验目的

了解半刚性基层的组成特点及其路用性能，掌握废弃物再生固化基层配设计方法，学会矿料（骨料）筛分、动弹模、重型击实和无侧限压缩等试验设备的正确使用方法。

2. 试验原理

建筑废弃物经过分拣、破碎和筛分后，可以获得各级集料（包括粗、细集料和土）；通过配合比设计并选用合适的土体固化剂，即可将建筑废弃物再生固化成为满足路用性能的道路基层材料。

（1）按照分拣、破碎和筛分流程，处理建筑物拆除废弃物，获得再生骨料并分档存放备用；基于最大密实级配原理，参照级配设计要求，在再生骨料中掺入高性能固化剂和水，再经过拌合站拌合、现场压实和龄期养护，成为建筑废弃物再生固化基层。

（2）再生骨料主要成分为土、渣土、散落的砂浆、碎混凝土、碎砖瓦、碎砂石土等无机物。与天然矿质集料相比，再生骨料具有孔隙率高的突出特征，由此派生 3 个特性：①吸（渗）水性大，容易导致失水干缩开裂；②表面吸附力强，容易与外掺固化剂牢固粘结；③强度相对较小，容易导致弹性模量等力学性能降低。

（3）再生骨料理化性能稳定，表面吸附能力强；固化剂扩散力强，高强耐水。再生骨料与固化剂颗粒间相互扩散、吸附、粘结，形成高强、密闭、防水和耐久稳定的固化基层材料；同时，有些固化剂（如 JNS）具有微膨胀特性，可有效缓解固化基层温（干）缩开裂问题，延长低交通量道路使用寿命。

3. 试验步骤

（1）废弃物再生

建筑废弃物成分较为复杂，主体成分包括散落砂浆、碎砖和废混凝土，占总量的80％以上。为获得满足道路基层路用性能的各档集料，按照分拣、破碎和筛分流程，处理建筑物拆除废弃物，获得再生骨料并分档存放备用。

①分拣：采用铁锹等工具分批获取废弃物，放到大型网筛上筛除小于 0.075mm 细小颗粒；同时，通过人工分拣剔除非土石类杂物（钢筋、塑料、织物、木块、鞋类等）。②破碎：初次分拣和筛除杂质的废弃物，分批放入复合式破碎机集中破碎，最终获得粒径范围为 4.75～37.5mm 的再生骨料。③筛分：采用标准筛筛分再生骨料，按照粒径划分为表 4-5 所示的粗骨料、中粗骨料、细骨料和细粒土等。④存放：按照《公路路面基层施工技术规范》JTJ 034—2000 要求，对废弃物再生骨料进行分档堆放。

建筑废弃物破碎和筛分颗粒成分及粒径要求　　　　　　　　　　　　表 4-5

骨料名称	粒径范围（mm）	主要成分
粗骨料	31.5～37.5	废旧混凝土、废砖瓦
中粗骨料	19～31.5	废旧混凝土、废砖瓦
细骨料	4.75～19	废旧混凝土、废砖瓦、砂质土、粉质土、黏质土
细粒土	<4.75	废旧混凝土、废砖瓦、砂质土、粉质土、黏质土

（2）材料准备

A. 固化剂：常用固化剂包括水泥、HEC 和 JNS 等高性能土壤固化剂。

HEC（High Strength & Water Stability Earth Consolidator）固化剂是一种无机水硬性胶凝材料，可用于固结一般土体、特殊土体、砂石集料和工业废渣。HEC 固化剂应符合《HEC 高强高耐水土体固结剂》（Q/HEC 001—2002）企业标准的质量要求。

JNS 固化剂为灰色粉末状固体，是一种粉状、水溶、无机水硬性胶凝材料，是专门用于固结土体的新型固化剂。与常用固结剂（如水泥、石灰和树脂等）不同，该固化剂化学成分主要有 SO_3、CaO、Al_2O_3 和 MgO 等（含量如表 4-6 所示）。

固化剂化学成分分析（%） 表 4-6

成分	SO_3	CaO	MgO	SiO_2
检测值	27.33	63.86	4.88	1.52

B. 再生骨料：

再生材料不得含有种植土、腐殖土、生活垃圾土、淤泥质土等，也不得含有杂草、树根或农作物残根等杂物。

粗集料：建筑废弃物中分离出来的再生骨料（4.75mm≤粒径≤37.5mm），包括混凝土块、砖块、各种碎石料破碎产物，只要粒径不大于 1/3 施工层厚，均可作原材料使用。

细集料：建筑废弃物中分离出来的细粒材料（粒径＜4.75mm），只要有机质含量小于 8%，包括各种黏性土、砂性土、粉性土、砂、石屑、石粉、砂砾土、碎石土、开挖弃渣混凝土粉等，均可作原材料使用。

C. 水：pH 值大于或等于 6 的可饮用水。

（3）配合比设计

A. 材料选用分类

依据再生骨料与天然矿料组合，可将材料选用情况可分为以下三类：

① 全部选用建筑废弃物再生粗集料作为基层材料；

② 部分选用再生粗集料，再补充选用部分天然矿料，作为基层材料；

③ 全部采用废弃物再生细粒材料作为底基层材料。

通常情况下，建筑废弃物中砂浆与废砖的平均质量比约为 0.45。因此，可以补充骨料并掺入固化剂，使砂浆和碎砖的质量比在 0.25～0.60 之间，由此形成的半刚性材料满足道路基层性能要求。

B. 参考配合比

再生固化基层配合比应采用质量比。固化剂剂量＝固化剂质量/（固化剂质量＋干土质量），干土即为再生骨料与细粒材料。

对于没有破碎和筛分的建筑渣土，只提出大致的粗、细料比例。参考配合比变化范围：

废弃物再生骨料：细粒材料＝4:6～6:4（通常房渣土再生料骨料：细粒材料＝6:4，而废旧混凝土再生料骨料：细粒材料＝4:6）。废弃物再生骨料中，推荐砖:旧混凝土＝3:1。废弃物再生骨料和细粒土含水量小于 5%。

对于专门破碎和筛分的再生骨料，要求混合料最大粒径不大于 37.5mm，参考表 4-7

进行配合比设计。

废弃物再生基层混合料颗粒级配　　　　　　　　　表 4-7

筛孔尺寸（mm）	37.5	31.5	19	9.5	＜4.75
通过筛孔质量百分率（%）	100	85～100	65～85	50～70	35～55

对于 HEC 固化剂，上基层采用掺入质量比 10%，下基层采用掺入质量比 8%。而对于 JNS 固化剂，上基层采用掺入质量比 6%，下基层采用掺入质量比 4%。固化剂用量允许误差为 +0.5%～+1.0%。

（4）配合比试验

针对废弃物再生固化基层材料，参照《公路工程无机结合料稳定材料试验规程》JTG E 51—2009，开展重型击实和无侧限抗压强度以及动弹模试验。

重型击实试验用以测定材料的最大干密度和最佳含水量，而侧限抗压强度试验用以测定材料的 7d 和 28d 强度。下基层技术要求，7d 无侧限抗压强度≥2.5MPa，弹性模量≥1200MPa；上基层技术要求，7d 无侧限抗压强度≥3.5MPa，弹性模量≥1500MPa。对于 JNS 固化剂，再生固化基层混合料压实度和力学性能应符合表 4-8 的规定。

废弃物再生固化基层固化剂掺量、无侧限抗压强度和压实度参考值　　　表 4-8

编号	掺量（%）	7d 无侧限抗压强度（MPa）	28d 无侧限抗压强度（MPa）	压实度（%）
①	4	≥2.65	≥3.24	≥96 或 98
②	5	≥2.92	≥3.65	≥96 或 98
③	6	≥3.67	≥4.23	≥96 或 98

注：对于底基层，压实度标准≥96%；而对于基层，压实度标准≥98%。

4.2.3　混合轻质土路基

1. 试验目的

了解混合轻质土的组成特点及其路用性能，掌握废弃物再生混合轻质土配合比设计方法，学会重型击实和无侧限压缩等试验设备的正确使用方法。

2. 试验原理

混合轻质土是采用轻质材料（如 EPS 颗粒、粉煤灰等）与固化剂或原料土、固化剂与气泡经过充分混合、搅拌后所形成的轻质填料。按照轻质材料的不同，大致可以分为以下几种类型：

（1）废弃橡胶颗粒混合轻质土，（2）固化粉煤灰轻质土，（3）EPS 轻质填料，（4）气泡混合轻质土。

以 EPS 颗粒混合轻质土为例，相关试验原理如下：

（1）采用再生技术处理废弃物，获得混合轻质土原料。例如，快速泥水分离处理疏浚淤泥，获得较低含水量淤泥质原料土。按照粉碎—筛分—再粉碎工序处理废弃 EPS 块体，获得 3～5mm 粒径 EPS 颗粒存放备用。固化材料可选水泥或其他固化剂（如 HEC 和 JNS 固化剂）。

（2）通过配合比设计及试验，获得最佳路用性能混合料。制备 EPS 颗粒混合轻质土时，先将原料土、EPS 颗粒、固化材料和水混合为松散状拌合物，然后用货车将拌合物运输到施工现场，通过分层碾压或者夯实使其密实，再经过固化形成具有一定强度的整体。

（3）与天然土方相比，混合轻质土组成成分较为特别，由此派生 2 个重要特性：①轻质：组成成分密度小（如 EPS 颗粒约 $0.015 \sim 0.02 \text{g/cm}^3$），从而大大降低了混合土的容重；②高强：掺入水泥、HEC 或 JNS 固化剂，可增加组成材料的黏结性和密实度，从而提高强度减小变形。

3. 材料准备

（1）固化剂：常用固化剂包括水泥、HEC 和 JNS 等高性能土壤固化剂。为有效提高固化效果，提高轻质路基强度，建议采用 JNS 高性能土壤固化剂。与常用固结剂（如水泥、石灰和树脂等）不同，JNS 固化剂为灰色粉末状固体，是一种粉状、水溶、无机水硬性胶凝材料，其化学成分主要有 SO_3、CaO、Al_2O_3 和 MgO 等（含量如表 4-6 所示）。

（2）废弃物：

① 废弃土：工程竣工后的废弃土方，或者建筑废弃物分拣后获得的细粒材料。

② 粉煤灰：燃煤电厂排出的细灰状固体废物。火电厂粉煤灰主要氧化物：SiO_2、Al_2O_3、FeO、Fe_2O_3、CaO、TiO_2 等。粉煤灰属于轻质材料，压实干重度为 $10.7 \sim 11.0 \text{kN/m}^3$。

③ 橡胶粉：来源于废弃轮胎或其他废弃橡胶制品。常用加工方法：常温粉碎法、冷冻法、常温化学法。"中国轮胎翻修与循环利用协会"根据我国废旧轮胎生产情况，将其分为三类：粗胶粉＞0.425mm（＜40 目）；细胶粉 0.425mm～0.180（40～80 目）；微细胶粉 0.180mm～0.075mm（80～200 目）。

④ 疏浚淤泥：内陆湖泊、河道、水塘以及滨海港口、航道、码头清淤整治产生的高含水量淤泥。采用透气真空快速泥水分离处理后，应使疏浚淤泥变为高液限黏土（含水量降至 120% 以内）。

⑤废弃 EPS 块：主要为各类包装用聚苯乙烯泡沫塑料（EPS）废弃块体。EPS 块体经过粉碎处理后，所获 EPS 颗粒设计粒径为 3～5mm，堆积体密度约为 0.02g/cm^3。

（3）起泡剂：主要有界面活性类、蛋白类、树脂类材料等，按适量倍率稀释后的起泡剂经定量泵送到发泡装置后，与压缩空气充分混合而产生大量的微小气泡群。

（4）水：pH 值大于或等于 6 的可饮用水。

4. 配合比设计

（1）材料选用：混合轻质土的核心问题即是轻质材料的选用。按照轻质材料的不同，大致可以分为以下几种类型：粉煤灰、废弃橡胶颗粒、EPS 颗粒等。材料选用原则：因地制宜，就地取材，经济适用。

（2）设计流程：参考《公路路基设计规范》（JTGD 30—2004），总结室内试验和现场测试，确定轻质填料配合比设计标准。配合比设计流程见图 4-1。

（3）参考配合比：

配合比设计时，轻质材料与土按体积比进行配合，此处体积是指堆积体体积。而固化剂与混合物（即轻质材料与土）按质量比进行配合。

固化剂剂量＝固化剂质量/（固化剂质量＋混合物质量）。

轻质材料掺入比（废弃物再生颗粒堆积密度与原料土的体积比）一般为 60：40、55：

45、50：50，高性能固化剂掺量为 4%、5%、6%。

设计要求混合轻质填料最大干密度 $\rho_{dmax} \leqslant 1.10\text{g/cm}^3$，7d 无侧限抗压强度 $\geqslant 0.2\text{MPa}$，28d 无侧限抗压强度 $\geqslant 0.3\text{MPa}$。

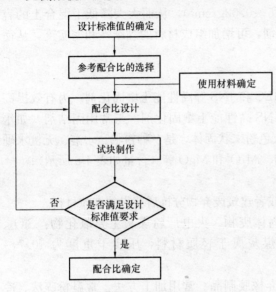

图 4-1　混合轻质土的配合比设计流程

5. 配合比试验

针对废弃物再生混合轻质土，参照《公路工程无机结合料稳定材料试验规程》JTGE 51—2009，开展重型击实试验和无侧限抗压强度试验。

作为路基填料，最佳压实状态下强度和变形特性至关重要。击实试验可以确定混合轻质土的最大干密度和最佳含水量，在制样时根据最大干密度和最佳含水量进行质量控制。

（1）试件制作

首先量取土和废弃物再生轻质材料，加入固化剂后进行初步拌合，再加入水拌合至均匀。将拌合物采用分层击实的成型方法装入直径为 39.1mm，高为 80mm 的圆柱形三瓣模中。本试验的击实器为三轴击样器，分三层击实，每次击实的击实能为 21.7kJ/m³，击实次数为 16 次。将制备的试样置入标准养护箱中（温度 $20\pm2℃$，湿度 $>90\%$）养护，24 h 后脱模。为了防止水分在养护过程中的改变，用保鲜膜进行密封后再放入标准养护箱内，养护至 7 d 龄期进行重型击实试验和无侧限抗压强度试验。

（2）试验内容

① 重型击实试验。根据原材料密度以及轻质材料设计要求，初选土与轻质材料掺入比（范围介于 70：30 与 50：50 之间）；依据技术经济原则，推荐固化剂掺量变化范围 4%～6%，剂量允许误差 +0.5%～+1.0%。依据不同配合比制作室内测试试样，进行重型击实试验，用以测定不同配比轻质材料最佳含水量和最大干密度变化规律。

② 无侧限抗压强度试验。按照压实度标准，计算不同固化剂掺量下混合轻质填料干密度；制作室内测试试件，在 $20\pm2℃$ 温度下保湿养生 6d 并浸水 24h 后，测试 7d 和 28d 无侧限抗压强度。

EPS 再生颗粒掺入比为 60：40 不同剂量固化剂时轻质填料无侧限抗压强度参考值如表 4-9 所示。

不同固化剂掺量混合轻质填料无侧限抗压强度参考值　　　　　表 4-9

编号	固化剂掺量 （%）	7d 无侧限抗压强度 （MPa）	28d 无侧限抗压强度 （MPa）
①	4	$\geqslant 0.20$	$\geqslant 0.30$
②	5	$\geqslant 0.30$	$\geqslant 0.45$
③	6	$\geqslant 0.50$	$\geqslant 0.75$

4.3 实 例 分 析

4.3.1 水泥基砂浆灌入式面层

1. 概述

灌入式半刚性面层混合料（IAC-20）目标配合比的试验依据包括：（1）《公路沥青路面施工技术规范》JTG F40—2004；（2）《公路工程集料试验规程》JTG E42—2005；（3）《公路工程沥青及沥青混合料试验规程》JTJ 052—2011。

2. 原材料

（1）沥青：根据当地气候特征，选用 90 号或 70 号沥青作为大空隙基体沥青混合料的结合料，其技术性能参照《公路工程沥青及沥青混合料试验规程》JTJ 052—2011 中的有关方法进行检验。

（2）粗集料：为保证混合料的强度性能、抗车辙能力、抗疲劳能力以及与沥青结合料的黏附性能，粗集料用玄武岩集料。采用的粗集料石质坚硬、清洁、不含风化颗粒、近似立方体颗粒的碎石，粒径大于 4.75mm。

（3）细集料：采用坚硬、洁净、干燥、无风化、无杂质的人工轧制开级配石灰岩细集料，不能采石场的下脚料。对进场细集料按频率进行检查。

（4）水泥：通常选用 P. O42.5 普通硅酸盐水泥，相关技术指标参见表 4-10。

硅酸盐水泥技术指标表   表 4-10

水泥品种	3 天抗压强度（MPa）	3 天抗折强度（MPa）	28 天抗压强度（MPa）	28 天抗折强度（MPa）	初凝时间（min）
P. O42.5	>17.0	>3.5	>42.5	>6.5	>45min

（5）细砂：为便于砂浆渗入混合料空隙，通常选用细砂作为原材料，相应技术指标参见表 4-11。相同配合比所用砂的细度模数 0.3～0.7，否则分别堆放并调整配合比中的砂率后使用。

细砂技术要求   表 4-11

项目	技术要求
含泥量（冲洗法）	≤3%
硫化物及硫酸含量（折算为 SO_3）	≤1%
有机物含量（比色法）	不深于标准溶液的颜色
云母含量	≤2%

（6）矿粉：采用石灰岩碱性石料磨细所得矿粉，相应技术指标参见表 4-12。矿粉必须干燥、清洁。拌合机回收粉料不得用于拌制沥青混合料或水泥基砂浆。对进场矿粉按频率规定进行检验。

表 4-12

矿粉技术要求

试验项目	技术要求	
表观相对密度	≥2.5	
含水量（%）	≤1	
粒度范围（%）	<0.6mm	100
	<0.15mm	90～100
	<0.075mm	75～100
外观	无团粒结块	
亲水系数	≤1	
塑性指数	≤4	

3. 配合比试验过程

（1）基体沥青混合料设计

① 集料

集料中1号、2号、3号、4号料均为石灰岩，沥青为70号道路石油沥青。各种集料、矿粉、沥青的密度试验结果见表4-13，各种集料及矿粉的筛分结果见表4-14。

② 混合料级配

按照筛分结果进行级配调试，结果见表4-15。

表 4-13

集料及沥青密度试验结果

材料名称	表观相对密度	毛体积相对密度	吸水率（%）
1号料	2.722	2.698	0.33
2号料	2.720	2.680	0.55
3号料	2.734	2.690	0.60
4号料	2.686	2.633	0.75
矿粉	2.723	—	—

表 4-14

下面层石灰岩矿料筛分结果

	通过筛孔（方孔筛，mm）百分率（%）											
	26.5	19	16	13.2	9.5	4.75	2.36	1.18	0.6	0.3	0.15	0.075
1号	100	77.9	35.5	6.1	0.2	0.1	0.1	0.1	0.1	0.1	0.1	0.1
2号	100	100	100	97.8	56.6	1.1	0.3	0.2	0.2	0.2	0.2	0.2
3号	100	100	100	100	100	51.4	0.4	0.3	0.3	0.3	0.3	0.3
4号	100	100	100	100	100	99.6	75.7	53.6	41.0	35.0	29.5	11.9
矿粉	100	100	100	100	100	100	100	100	100	99.8	96.8	79.0

表 4-15

级配调试结果

	通过筛孔（方孔筛，mm）百分率（%）											
	26.5	19	16	13.2	9.5	4.75	2.36	1.18	0.6	0.3	0.15	0.075
1号（42）	42.0	32.7	14.9	2.6	0.1	0.1	0.1	0.1	0.1	0.1	0.1	0.1

	通过筛孔（方孔筛，mm）百分率（%）										
	26.5	19	16	13.2	9.5	4.75	2.36	1.18	0.6	0.3	0.15	0.075
2号（48）	48.0	48.0	48.0	46.9	27.2	0.5	0.1	0.1	0.1	0.1	0.1	0.1
3号（0）	0.0	0.0	0.0	0.0	0.0	0.0	0.0	0.0	0.0	0.0	0.0	0.0
4号（10）	10.0	10.0	10.0	10.0	10.0	10.0	7.6	5.4	4.2	3.5	3.0	1.2
矿粉（0）	0.0	0.0	0.0	0.0	0.0	0.0	0.0	0.0	0.0	0.0	0.0	0.0
合成级配	100.0	90.7	72.9	59.5	37.3	10.6	7.8	5.6	4.4	3.7	3.2	1.4
级配上限	100	—	90	60	—	24	22	—	15	12	8	6
级配下限	90	—	60	30	—	7	5	—	4	3	3	1

采用初试油石比2.9%，以马歇尔击实（正反50次）成型试件，试验结果汇总于表4-16。

马歇尔试验体积性质技术指标表 表4-16

	油石比（%）	稳定度（kN）	流值（0.1mm）	空隙率（%）	最大理论相对密度
IAC-20基体沥青混合料	2.9	5.58	29	23.7	2.591
要求	—	>3.0	20~40	20~28	—

注：空隙率采用体积法测定。

综合考虑马歇尔试件空隙率、稳定度等性能指标要求，本次目标配合比设计的最佳油石比取值2.9%。

③性能验证试验

由于基体沥青空隙率大，因此需要对基体沥青混合料进行析漏和飞散试验，试验结果如表4-17、表4-18所示。

（浸水）飞散试验结果 表4-17

级配类型	油石比（%）	飞散率1（%）	飞散率2（%）	飞散率3（%）	飞散率4（%）	平均（%）	要求（%）
IAC-20基体沥青混合料	2.9	14.33	13.79	17.42	15.56	15.28	≤20

析漏试验结果 表4-18

级配类型	油石比（%）	析漏1（%）	析漏2（%）	平均（%）	要求（%）
IAC-20基体沥青混合料	2.9	0.234	0.221	0.228	≤0.3

（2）水泥砂浆设计

其中水泥为P.O42.5普通硅酸盐水泥，采用的矿粉与基体沥青混合料矿粉一致，原材料试验结果及指标如表4-19～表4-21。

水泥试验项目及技术指标

表 4-19

	试验结果	技术要求
3d 抗压强度（MPa）	24.3	＞17.0
3d 抗折强度（MPa）	4.7	＞3.5
初凝时间（min）	152	＞45min

砂试验项目及技术要求

表 4-20

项目	试验结果	技术要求
细度模数	1.33	0.7～1.5
含泥量（冲洗法）	1.9	≤3%
硫化物及硫酸含量（折算为 SO_3）	0.3	≤1%
有机物含量（比色法）	符合要求	不深于标准溶液的颜色
云母含量	0.7	≤2%

矿粉试验项目及技术要求

表 4-21

试验项目		试验结果	技术要求
表观相对密度		2.723	≥2.5
含水量（%）		0.3	≤1
粒度范围（%）	＜0.6mm	99.8	100
	＜0.15mm	96.8	90～100
	＜0.075mm	79.0	75～100
外观		无团粒结块	无团粒结块
亲水系数		0.8	≤1
塑性指数		3.7	≤4

通过试配砂浆，最终确定砂浆比例，水泥：砂：矿粉：水＝1：0.3：0.35：0.7，各项性能指标如表 4-22。

水泥砂浆性能指标及技术要求

表 4-22

指标	试验结果	技术要求	备注
流动度（s）	10.9	10～14	Pload 法（1725mL）
抗折强度（MPa）	4.9	＞2.0	7d 养护
抗压强度（MPa）	21.2	10～30	

通过水泥砂浆性能试验证明，按照水泥：砂：矿粉：水＝1：0.3：0.35：0.7 拌合的水泥砂浆能满足灌入式复合路面 IAC-20 的要求，可以应用到灌入式复合路面 IAC-20 混合料中。

（3）灌入式半刚性面层性能试验

灌入式半刚性面层是指在大空隙基体沥青混合料中（空隙率为 20%～28%），灌入以水泥为主要成分的特殊浆剂而形成的路面，具有高于水泥混凝土的柔性和高于沥青混凝土的刚性的特点。在灌入式半刚性面层室内性能验证中，试件按下列步骤成型：

首先，成型基体沥青混合料试件，待试件冷却后，灌入已完成配比设计的水泥砂浆，成型灌入式半刚性面层试件。在制作中需要注意观察试件底部，确认砂浆已填充满基体沥青混合料空隙，然后将试样放在标准养护条件下（温度 20 ± 1℃，湿度 90%）养护 7d。最后，取出试件按照沥青混合料相关试验规程进行性能验证试验。试验结果如表 4-23～表 4-26 所示。

马歇尔体积指标表 表 4-23

	油石比（%）	稳定度（kN）	流值（mm）
IAC-20	2.9	30.4	2.2
要求	—	＞9.0	2.0～4.0

动稳定度试验结果 表 4-24

混合料类型	油石比（%）	动稳定度（次/mm）				
		1	2	3	平均	要求
IAC-20	2.9	11400	12600	12500	12167	≥10000

浸水马歇尔试验结果 表 4-25

混合料类型	马歇尔稳定度（kN）	浸水马歇尔稳定度（kN）	残留稳定度 S。（%）	要求（%）
IAC-20				

冻融劈裂试验结果 表 4-26

混合料类型	未冻融劈裂强度（MPa）	冻融后劈裂强度（MPa）	劈裂强度比（%）	要求（%）
IAC-20				

4. 结论

IAC-20 配合比设计结果如表 4-27 所示。

灌入式复合沥青混合料设计配比 表 4-27

IAC-20	基体沥青混合料	1 号	2 号	3 号	4 号	矿粉	油石比
		42%	48%	0	10%	0	2.9%
	水泥砂浆	水泥		砂	矿粉		水
		1		0.3	0.35		0.7

通过对 IAC-20 沥青混合料性能验证表明，本次设计的 IAC-20 改性沥青灌入式半刚性面层的水稳定性能、高温性能均满足设计要求，可用于相关沥青路面生产配合比调试。

4.3.2 建筑废弃物再生固化基层

1. 废弃物成分分析

建筑垃圾中砂浆与废砖的平均质量比为 0.46。当补充部分骨料并掺入固化剂后，可使砂浆和碎砖的质量比在 0.25～0.60 之间，由此形成的半刚性材料满足道路基层性能要求。

2. 废弃物破碎筛分

先将建筑垃圾中的木材、金属、玻璃等废料筛选出去，再通过破碎机将建筑垃圾破碎成符合要求的粒径大小。为防止试验或生产中碎砖被进一步碾压破碎，结合击实试验和压碎值试验，确定破碎粒径要求（颗粒的最大粒径为 9.5mm，且其中小于 2.36mm 的颗粒含量不少于 80%），如此可极大降低其压碎性。由于废混凝土的强度高于道路基层材料的性能要求，因此仅侧重对碎砖和砂浆的性能进行研究，如表 4-28 所示。

筛分后颗粒比例   表 4-28

筛孔尺寸（mm）	4.75	2.36	1.18	0.6	0.3	0.15	0.075
通过质量百分率（%）	94.34	87.08	63.8	33.12	22.44	17.36	11.08

取代表性的样品进行压碎试验，测得其压碎值为 26.4%，满足公路路面基层施工技术规范中半刚性基层的材料要求。

3. 方案设计

依据工程经验，固化剂剂量分别为 4%、5%、6%、7%，混合集料方案分别为单一建筑垃圾、建筑垃圾掺 40%碎石、建筑垃圾掺 40%以下碎石，应用正交试验设计，经数据处理，得出掺 40%以上碎石的方案为最佳。为调整混合料的合成级配，掺入碎石和石屑的公称粒径为：二级和二级以下用 S_{11}（最大公称粒径 13.2mm），高速和一级公路用 S_8 或 S_7（S_8 最大粒径为 26.5mm，S_7 最大粒径为 31.5mm），其岩质为石灰岩，压碎值小于 28%。

4. 配合比设计

为获得最佳级配，利用电算软件（或参考附录 1），经过不断调整试配，得出在混合料中满足要求的建筑垃圾、碎石和石屑的比例范围：建筑垃圾 20%~60%，碎石 80%~20%，石屑 0%~20%。再经成本核算，寻找经济技术平衡点后得出：建筑垃圾含量在 60%时的成本最低。掺入 S_{11} 碎石的混合料合成级配如表 4-29 所示。

掺入 S_{11} 碎石的混合料合成级配   表 4-29

筛孔直径（mm）	建筑垃圾	碎石	石屑	合成级配	上限	下限
31.5	100.00	100.00	100.00	100.00	90	100
26	100.00	100.00	100.00	100.00	66	100
19	100.00	100.00	100.00	100.00	54	100
16	100.00	100.00	100.00	100.00	50	100
13.2	100.00	100.00	100.00	100.00	47	100
9.5	74.08	100.00	100.00	87.04	39	100
4.75	31.50	94.34	95.95	62.42	28	84
2.36	19.23	87.08	61.20	53.16	20	70

筛孔直径 （mm）	建筑垃圾	碎石	石屑	合成级配	上限	下限
1.18	14.75	63.80	47.05	39.28	14	57
0.6	11.34	33.12	30.80	22.23	8	47
0.3	8.35	22.44	20.45	15.39	6	36
0.15	6.14	17.36	13.90	11.75	5	30
0.075	3.98	11.08	7.25	7.53	0	30

根据工程经验，同时考虑混合料的经济性，按表 2 的级配对同一种混合土样分别按 4%、5%、6%、7%的固化剂量配制稳定土混合料。再分别进行标准击实试验，得到各个固化剂量下的最大干密度和最佳含水量，如表 4-30 所示。

不同掺量下固化基层材料最佳含水量和最大干密度 表 4-30

固化剂掺量（%）	4	5	6	7
最佳含水量（%）	14.0	14.5	15.2	15.5
最大干密度（g/cm³）	1.82	1.84	1.86	1.86

5. 无侧限抗压强度试验

以试验所得的最佳含水量为标准，以 JNS 固化剂稳定集料现场压实度为 93%时的相应的干密度 $\rho_d = 93\%\rho_{max}$ 制取（S_{11} 碎石用 10cm×10cm 试件，S_8 或 S_7 用 15cm×15cm 试件）圆柱形试件，经过 6 天保湿养护和 1 天的保水养护，检测不同 JNS 固化剂剂量下无侧限抗压强度，如表 4-31 所示。

不同剂量无侧限抗压强度（MPa） 表 4-31

JNS 固化剂剂量/%		4	5	6	7
编号	1	1.755	2.944	3.397	4.812
	2	1.868	2.548	4.246	4.586
	3	1.699	2.831	3.340	4.303
	4	1.982	2.661	3.510	4.869
	5	1.925	2.718	3.850	5.039
	6	1.812	2.548	3.963	6.228
平均抗压强度		1.840	2.708	3.718	4.973

参照《公路路面基层施工技术规范》JT J034—2000，公路路面基层抗压强度标准如表 4-32 所示。

公路路面基层抗压强度标准 表 4-32

层位	二级及以下公路	高速和一级公路
基层	2.5～3.0	3.0～5.0
底基层	1.5～2.0	1.5～2.5

不同公路等级、不同层次，按公式 $\bar{R} \geqslant R_d(1 - Z_\alpha C_v)$ 对试验数据进行处理，如表 4-31 所示：当采用 S_{11} 的碎石和石屑时，在 JNS 剂量为 4％的情况下，仅满足二级及以下公路底基层的强度要求；在 JNS 剂量为 5％的情况下，刚好满足二级公路基层要求；在 JNS 剂量为 6％的情况下，满足二级公路基层要求，同时满足二级及以下公路底基层要求；在 JNS 剂量为 7％的情况下，虽然力学性能满足一级及以上公路的基层、底基层要求，但 JNS 用量较多，经济性较差。

6. 劈裂强度试验

经 30d 保湿养护，测得建筑垃圾稳定土弹性模量在 500～700MPa 之间。经 90d 保湿养护，建筑垃圾稳定土动弹性模量在 6.31～9.64GPa 之间，平均可达 7.97GPa。经 90d 保湿养护，试件的劈裂强度在 0.8～1.0MPa，平均为 0.9MPa。足以满足路面基层、底基层技术要求。

7. 结论

通过试验研究，得到了建筑垃圾用于路面基层的配合比方案。同时验证了此类废弃物再生骨料 JNS 固化基层完全满足路用性能的要求，实现了建筑垃圾在道路工程中的应用。试验中所使用的建筑垃圾是在不含有废混凝土的情况下进行的。而实际生产中掺杂的废混凝土能满足更高等级道路基层的材料要求。若将成果广泛应用于实际工程，既能保护环境，又可降低路面材料成本 30％，一举两得值得推广。

4.3.3　废弃 EPS 再生混合轻质土路基

1. 材料及要求

疏浚淤泥：内陆湖泊、河道、水塘以及滨海港口、航道、码头清淤整治产生的高含水量淤泥。采用透气真空快速泥水分离处理后，应使疏浚淤泥变为高液限黏土（含水量降至 120％以内）。基本参数如表 4-33 所示。

疏浚淤泥基本参数　　　　　　　　　　　　　　　　　　表 4-33

含水率（％）	液限（％）	塑限（％）	塑性指数（％）	相对密度	重度(kN·m^{-3})	孔隙比	pH	有机质含量（％）
120	73	29	44	2.74	13.9	12.6	7.5	1.68

废弃 EPS 块：主要为各类包装用聚苯乙烯泡沫塑料（EPS）废弃块体。EPS 块体经过粉碎处理后，所获 EPS 颗粒设计粒径为 3～5mm，堆积体密度约为 0.02 g/cm^3。

将收集到的 EPS 用传动装置送入专门设计的粉碎机粉碎，粉碎后颗粒进入出口处进行自动筛分，大于设计粒径颗粒重新送入粉碎机进行二次粉碎，小于设计粒径颗粒筛分析出，进行重塑后再次粉碎。设计粒径 3～5mm 颗粒产出率 75％。粉碎所得 EPS 颗粒粒径 3～5mm，形状非规则，性质均匀稳定，适用于现场大规模施工应用。

固化剂：采用 JNS 高性能固化剂。

2. 配合比试验

设计要求 EPS 泡沫颗粒轻质土干重度不超过 11kN/m^3（≤1.12g/cm^3），7d 无侧限抗压强度不小于 0.2MPa，28d 无侧限抗压强度不小于 0.3MPa，7dCBR 达到 10％以上。EPS 颗粒掺入比（EPS 颗粒堆积密度与原料土的体积比）一般为 60∶40、55∶45、50∶50，固化剂掺量为 4％、6％、8％。

① 根据原材料的密度结果，结合轻质土的设计要求，首先调试、初选 EPS 颗粒掺入

比为 70∶30、65∶35、60∶40、55∶45、50∶50，固化剂掺量为 6%。进行重型击实试验，确定各种轻质土的最佳含水量和最大干密度。影响轻质土的试样密度、强度因素主要有 EPS 颗粒添加量、试样养护环境及龄期等，而固化剂添加量对密度的影响不明显。

② 根据重型击实试验结果，不同掺量轻质土（最大）干密度如表 4-34 所示。

不同掺量轻质土（最大）干密度   表 4-34

EPS 掺入比	最大干密度（g·cm⁻³）	$D_r=93\%$ 时干密度（g·cm⁻³）	设计要求（g·cm⁻³）
70∶30	1.054	0.980	≤1.12
65∶35	1.065	0.990	
60∶40	1.102	1.025	
55∶45	1.209	1.124	
50∶50	1.240	1.153	

推荐技术要求：EPS 颗粒掺入比（EPS 颗粒堆积密度与原料土的体积比）一般为 60∶40、55∶45、50∶50，JNS 固化剂掺量为 4%、5%、6%。设计要求混合轻质填料最大干密度 $\rho_{dmax} \leq 1.10\text{g/cm}^3$，7d 无侧限抗压强度≥0.2MPa，28d 无侧限抗压强度≥0.3MPa。EPS 掺入比 60∶40 不同剂量固化剂时轻质填料无侧限抗压强度参考值如表 4-35 所示。

不同固化剂掺量混合轻质填料无侧限抗压强度参考值   表 4-35

编号	JNS 掺量（%）	7d 无侧限抗压强度（MPa）	28d 无侧限抗压强度（MPa）
①	4	≥0.20	≥0.30
②	5	≥0.30	≥0.45
③	6	≥0.50	≥0.75

采用重型击实试验方法确定 EPS 颗粒掺入比（70∶30、65∶35、60∶40）及其试样的最佳含水量和最大干密度，并进行无侧限抗压强度试验。按设计压实度（93%）计算不同水泥掺量的干密度，试件在 20±2℃温度下保湿养护 6d，浸水 24h 后做 7d 无侧限抗压强度试验，另 3 个试件继续保湿养护后，做 28d 无侧限抗压强度试验，试验结果见表 4-36～表 4-38。

EPS 颗粒掺入比 70∶30 击实结果   表 4-36

固化剂掺量（%）	最大干密度（g·cm⁻³）	最佳含水量（%）	$D_r=93\%$ 时干密度（g·cm⁻³）	7d 强度（MPa）	28d 强度（MPa）
4	1.056	16.6	0.982	0.16	0.22
6	1.054	16.6	0.98	0.26	0.31
8	1.057	16.4	0.983	0.34	0.40

EPS 颗粒掺入比 65∶35 击实结果   表 4-37

固化剂掺量（%）	最大干密度（g·cm⁻³）	最佳含水量（%）	$D_r=93\%$ 时干密度（g·cm⁻³）	7d 强度（MPa）	28d 强度（MPa）
4	1.065	16.3	0.990	0.18	0.23
6	1.065	16.9	0.990	0.27	0.33
8	1.068	16.8	0.993	0.38	0.42

EPS 颗粒掺入比 60：40 击实结果　　　　　　　　表 4-38

固化剂掺量 (%)	最大干密度 (g·cm⁻³)	最佳含水量 (%)	D_r＝93％时干密度 (g·cm⁻³)	7d 强度 (MPa)	28d 强度 (MPa)
4	1.100	16.8	1.023	0.19	0.25
6	1.102	17.5	1.025	0.28	0.35
8	1.103	17.3	1.026	0.39	0.44

其中混合轻质土 EPS 颗粒掺入比 60：40 的 7d CBR 比为 10.8％，满足≥10％的要求。

③ 确定轻质土的最佳配合比

EPS 颗粒掺入比 60：40 击实结果　　　　　　　　表 4-39

EPS 掺入比	固化剂掺量 (%)	最大干密度 (g·cm⁻³)	D_r＝93％时干密度 (g·cm⁻³)	7d 强度 (MPa)	28d 强度 (MPa)
70：30	6	1.054	0.980	0.26	0.31
65：35	6	1.065	0.990	0.27	0.33
60：40	6	1.102	1.025	0.28	0.35

3. 结论

通过重型击实试验和无侧限抗压强度试验，表明所设计的疏浚淤泥＋废弃 EPS 颗粒混合轻质土满足公路路基力学性能要求，最终确定配合比为 EPS 颗粒掺入比 60：40；固化剂掺量为 6％。

附 1：矿质集料配合比设计方法

1. 矿质混合料配合比计算

(1) 组成材料原始数据测定。根据现场取样，对粗、细集料和矿粉进行筛分试验，按筛分结果分别绘出各组成材料的筛分曲线，同时测出各组成材料的表观密度。

(2) 计算组成材料的配合比。根据组成材料的筛分试验资料，采用图解法或电算法计算符合级配范围的各组成材料的合成级配。

(3) 调整配合比。计算合成级配应根据下列要求作必要的配合比调整：

① 通常情况下，合成级配曲线宜尽量接近设计级配中限，尤其应使 0.075mm、2.36mm 和 4.75mm 筛孔的通过量尽量接近设计级配范围中限。

② 对高速公路、一级公路、城市快速路和主干路等交通量大、车辆载重大的道路，宜偏向级配范围的下限（粗）；对一般道路、中小交通量和人行道路等宜偏向级配范围上限（细）。

③ 合成级配曲线应接近连续的或合理的间断级配。当经过再三调整，仍有两个以上的筛孔超过级配范围时，必须对原材料进行调整，或更换原材料重新设计。

2. 矿料配合比设计方法

在诸多矿料配合比设计方法中，标准级配曲线图解法较为简便。该方法可以方便地进行多个料场不同级配矿料的组成配合比设计。

2.1　绘制标准级配和各组成矿料的级配曲线

在普通方格纸上绘制矩形图，纵轴标识矿料通过百分率，横轴标识筛孔直径，连接左下角至右上角对角线，该对角线即为标准级配曲线（如图附1-1）。从标准级配曲线的各筛孔通过百分率处，在纵轴上引水平线与对角线相交，从交点处引垂线与横轴相交，交点处坐标即标识相应筛孔孔径位置。按照上述方法所得各筛孔孔径与通过率的坐标位置，即可绘制各级矿料的级配曲线。

2.2　确定各组成矿料配合比

由图附1-2可知，相邻粒径的矿料级配曲线间仅有三种情况，据此三种不同情况作图可确定配合比。

（1）相邻两级配曲线重叠。如图附1-2可知，A矿料下部与B矿料上部搭接，此时可找出级配曲线A与B分别和上、下横轴距离相等的（$a=a'$）位置，由此位置引垂线与标准级配曲线交于一点，过该点作与横轴平行的线交于右纵轴，右纵轴筛余量坐标即为A矿料的配合比。

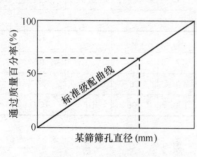

图附1-1　标准级配曲线

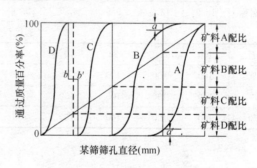

图附1-2　矿料配合比图解法

（2）相邻两级配曲线首尾端点对应。即前一曲线下端点与后一曲线上端点在同一垂线上，如图中B矿料与C矿料，连接两级配曲线的上、下端点与标准级配曲线交于一点，过该点作与横轴平行的线交于右纵轴，将其对应的筛余量减去A矿料的筛余值即为B矿料的配合比。

（3）相邻两级配曲线首尾彼此离开一定距离。如图中C矿料和D矿料，分别从前一曲线的上端点及后一曲线的下端点作垂线与上、下横轴分别相交，平分两曲线在横轴上的距离（$b=b'$），作垂线与标准级配曲线交于一点，过该点作与横轴平行的线交于右纵轴，将其对应的筛余量减去A矿料与B矿料的配比量，即得C矿料配合比，余下的为D矿料配合比。

2.3　计算矿料合成级配

根据上述图解法确定的矿料配合比，计算矿料的合成级配，必要时进行适当修正，使其设计组成符合规范要求。

3. 设计实例——高速公路沥青混凝土路面矿料配合比设计

3.1　确定沥青混合料类型：根据已知条件，选用细粒式AC-13沥青混凝土混合料。

3.2　确定矿质混合料级配范围：根据有关规定，细粒式AC-13沥青混凝土混合料级配范围如表附1-1：

矿质混合料要求级配范围及其中值 表附 1-1

级配名称		通过筛孔（方孔筛，mm）百分率（%）									
		16.0	13.2	9.5	4.75	2.36	1.18	0.6	0.3	0.15	0.075
细粒式沥青混凝土	级配范围	100	90～100	68～85	38～68	24～50	15～38	10～28	7～20	5～15	4～8
	级配中值	100	95.0	76.5	53.0	37.0	26.5	19.0	13.5	10.0	6.0

3.3 矿质混合料配合比计算

（1）组成材料筛分试验。碎石、石屑、砂和矿粉四种矿料筛析试验结果见表附 1-2。

（2）组成材料配合比计算：用图解法计算组成材料配合比，如图附 1-3 所示。

组成材料筛分试验结果 表附 1-2

材料名称	筛孔尺寸（方孔筛，mm）									
	16.0	13.2	9.5	4.75	2.36	1.18	0.6	0.3	0.15	0.075
	通过百分率（%）									
碎 石	100	94	26	0	0	0	0	0	0	0
石 屑	100	100	100	80	40	17	0	0	0	0
砂	100	100	100	100	94	90	76	38	17	0
矿 粉	100	100	100	100	100	100	100	100	100	83

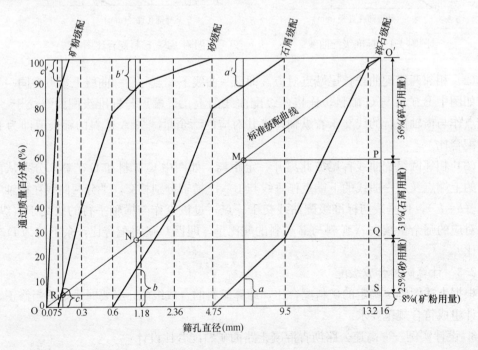

图附 1-3 矿质混合料配合比计算图

1）计算要求

① 级配曲线坐标绘制：纵坐标为通过百分率 p，采用算术坐标；横坐标为筛孔尺寸对应粒径 d_i，采用 $(d_i/D)^n$ 表示（其中 D 为矿质混合料的最大粒径，mm）。

② 绘出表附 1-1 中级配中值配曲线，绘出表表附 1-2 中各组成材料筛分试验结果级配曲线，按图解法求出各种组成材料的用量。

③ 按各种组成材料用量计算合成级配，并校核合成级配是否符合技术规程要求。如不符合则应调整级配重新计算。

2）计算步骤

① 绘制级配曲线图（如图附 1-3），在纵坐标上按算术坐标绘出通过量百分率。

② 连对角线 OO′ 表示规范要求的级配中值。在纵坐标上标出规范规定的细粒式混合料（AC-13）各筛孔的要求通过百分率，作水平线与对角线 OO′ 相交，再从各交点作垂线交于横坐标上，确定各筛孔在横坐标上的位置。

③ 将碎石、石屑、砂和矿粉的级配曲线绘于图附 1-3 上。

④ 在碎石和石屑级配曲线相重叠部分作一垂直线 AA′，使垂线截取两条级配曲线所得纵坐标值相等（即 $a=a'$）。自垂线 AA′ 与对角线交点 M 引一水平线，与纵坐标交于 P 点，OP 的长度 $X=36\%$，即为碎石的用量。同理，求出石屑的用量 $Y=31\%$，砂的用量 $Z=25\%$，则矿粉用量 $W=8\%$。因此，各种材料的用量为碎石：石屑：砂：矿粉＝36％：31％：25％：8％。

⑤ 绘制矿质混合料级配范围和合成级配图，判定混合料合成级配与规范规定的级配范围上限、中限和下限的关系。

⑥ 由于高速公路交通量大、轴载重，为使沥青混合料具有较高的高温稳定性，合成级配曲线宜偏向级配范围的下限（粗），为此调整配合比。经过组成配合比调整后计算得到各矿质混合料配合比为碎石：石屑：砂：矿粉＝41％：36％：15％：8％。

本章主要参考文献

[1] 严家伋. 道路工程材料 [D]. 北京：人民交通出版社（第 3 版），2006.

[2] 中华人民共和国交通部. 公路工程沥青及沥青混合料试验规程 JTG E20—2011 [S]. 北京：人民交通出版社，2011.

[3] 中华人民共和国交通部. 公路沥青路面施工技术规范 JTG F40—2004 [S]. 北京：人民交通出版社，2004.

[4] 中华人民共和国交通部. 公路路面基层施工技术规范 JTJ 034—2000 [S]. 北京：人民交通出版社，2000.

[5] 中华人民共和国交通部. 公路工程无机结合料稳定材料试验规程 JTG E51—2009 [S]. 北京：人民交通出版社，2009.

[6] 中华人民共和国交通部. 公路路基设计规范 JTG D30—2004 [S]. 北京：人民交通出版社，2004.

[7] 中华人民共和国交通部. 公路工程集料试验规程 JTG E42—2005 [S]. 北京：人民交通出版社，2005.

第5章 桥梁结构自主实验

5.1 桥梁实验概述

5.1.1 桥梁结构自主实验的目的

桥梁结构自主实验在桥梁结构的教学、科研、设计和施工等方面起着重要的作用，尤其在高校土木工程专业学生根据自己的想法进行结构创意，同时进行自主实验更为突出，根据不同学生的兴趣和创意想法自主实验不同的结构以及相同的结构测试不同内容。因此，桥梁结构自主实验根据实验侧重点的不同可以分为科学研究性实验和生产性实验。

科学研究性实验主要是达到以下目的：

（1）验证新的结构分析理论及设计计算方法。比如在组合结构的课程中，在相同的条件下，如果在钢梁和混凝土板之间设置若干个连接件，以抵抗钢梁和混凝土板之间的相对滑移，使它们的弯曲变形协调，则在弯矩作用下的截面的应变接近平截面假定，混凝土板和钢梁之间就构成一个具有公共中和轴的组合截面，这样的梁称为组合梁。不同的学生对组合梁的概念有时又有不同的理解，学生就可以采用自主实验的方式来验证各自不同的想法，如采用不同的材料、不同的剪力键、不同的梁高、不同的荷载工况等进行各自实验测试及分析，以便解决各自不清楚的问题，从而提高各自的学习兴趣及爱好。

（2）开发新的结构形式、新的建筑工艺。当一种新的结构形式或新的建筑工艺刚提出来时，往往缺少设计和施工的经验，为了积累这方面的实际经验，常常借助于实验，那么学生的参与的结构比赛或者是学生提出的新型桥梁结构等都需要学生各自进行自主实验的验证才能说明结构的可靠性及稳定，同时学生在自主实验的过程中又会产生很多的创意想法。

（3）为制定新的设计规范提供依据。随着设计理论的提高和设计观念的改变，如从按容许应力设计到极限承载能力设计，从确定性设计到按概率设计等，桥梁结构的设计规范也作了相应的修改。

科研研究性实验主要用于解决科研和生产中有探索性、开创性的问题，所以桥梁结构不同自主实验的针对性较强。在进行自主实验试件或结构设计、决定测试方法、选择测量仪器时都要突出自主实验的主要问题，而对其他方面相对要求一般的满足即可。

生产性实验主要是达到以下目的：

（1）新建桥梁的鉴定。在桥梁的建设过程和新建桥梁工程竣工时，须对桥梁的主要质量指标，如桥梁各部分构件的尺寸、桥面标高、引桥接线工程、混凝土质量、钢材质量、隐蔽工程质量及记录、检验荷载作用下的变形和应力进行测试，根据测得的数据与规范及设计要求进行对比分析，从而对新建桥梁进行从外观到内在受力性能的评定，用来检验设计计算理论以及施工质量，同时为即将投入使用的桥梁的安全运营养护提供理论依据。

（2）既有桥梁损伤程度的鉴定。在使用的过程中因受到各种作用会受到不同程度的损伤导致各种病害，为了摸清既有桥梁的实际损伤程度，尤其是那些损伤病害严重的既有桥梁，为了了解该桥的实际承载能力以便采取相应的加固维修措施，就有必要对该类桥梁进行实验鉴定测试。

5.1.2 桥梁结构自主实验的任务

桥梁结构设计时，一般先根据经验选择适当的材料，假定结构各部分的尺寸，然后计算分析桥梁结构的响应，桥梁结构的响应就是指桥梁结构既定的系统在外界的作用下验算截面强度、结构刚度等。因此，桥梁结构分析的任务是给定系统，该系统的特性是已知或假定的，已知输入，求输出。如果输出满足所有的约束条件则设计通过，否则就需要通过修改设计参数，改变既定系统的特性，使输出的结果满足规定的条件。

桥梁结构自主实验的任务是由每位同学根据自己的想法组合不同的构件形成自己需要测试的构件或结构进行自主的实验测试，并对测试结果作出分析：如将测试值与理论分析值进行比较，用来检验每位同学自己所提出的理论分析方法的合理性及正确性；也可以桥梁实验系统的输出结果反求桥梁实验系统的特性。

5.1.3 桥梁结构自主实验的分类

桥梁结构自主实验可按实验对象测试内容等进行分类。

（1）原型实验和模型实验

原型实验，原型实验的对象是实际结构或构件，桥梁结构原型实验的对象一般就是实际桥梁。桥梁原型实验一般直接为生产服务，原型实验是评价实际结构的质量，其结构外形是固定不变，同时一般的实际桥梁都是处于运营状态，原型实验由于费用较大，周期较长，现场测试条件差等问题，因此对于桥梁原型实验对学生进行自主实验操作起来有一定的难度。

模型实验，模型实验一般分为两类，其一模型实验以解决生产实践中的问题为主要目的，这类模型实验中模型的设计制作与实验要严格按照相似理论，使模型与原型之间满足相似定律，使模型的实验结果可以直接返回到原型上去。如：广州猎德大桥是 47＋167＋219＋47m 两跨独塔自锚式悬索桥，是广州市新城市中轴线核心景观，主缆和吊索均为空间布置，吊索间距 12m，吊索与索夹采用骑跨式连接，吊索与加劲梁采用球形铰连接，加劲梁采用单箱三室流线型扁平钢箱梁，材料为 Q345C 钢，主塔采用预应力混凝土结构，采用 C50 混凝土。该桥在跨度、技术含量、施工难度都在世界各国桥梁中占有重要地位，具有独创意义。猎德大桥总体布置效果图见图 5-1。

模型实验采用的模型比例 1/10，模型相似比见表 5-1。模型外观尺寸：长 48000mm、宽 3610mm、高 11000mm；模型重量：约 40t；模型材料：Q345C 钢板、C50 混凝土、钢丝；猎德大桥 1：10 全模型平立面图见图 5-2，1/10 桥梁模型见图 5-3。

其二是用来验证计算理论或计算方法的正确性。这类实验的模型与原型之间不必满足严格的相似条件，一般只要求满足几何相似和边界条件相似，这种模型实验结果与理论计算的结果对比校核来验证设计假定及计算方法的正确性。对于学生自主实验就可以根据学生自己的思想制作实验模型，同时根据模型来验证自己所提出计算理论或计算方法的正确性。

图 5-1 猎德大桥总体布置效果图

模型桥梁相似关系（模型/原型）   表 5-1

外形尺寸	钢板厚度	应力	质量	惯性矩	弹性模量	位移
1/10	1/10	1/1	1/1000	1/10000	1/1	1/10

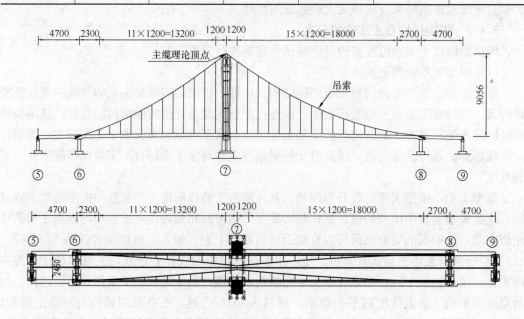

图 5-2 猎德大桥 1∶10 全模型平立面图（单位：mm）

（2）静力实验与动力实验

静力实验，静力实验是了解桥梁结构特性的重要手段，用它来直接解决结构的静力问题。实桥静力加载实验一般采用车辆荷载进行加载，也可以通过重力或其他类型的加载设备来实现和满足加载要求。动力实验，动力实验主要是测试桥梁结构的自振特性，同时测量桥梁结构的动力响应，包括移动车辆或其他外荷载作用下桥梁指定断面上的动应变、动挠度或加速度等。桥梁自振特性的测量对象包括实桥和模型桥梁。模型动力实验一般需要对模型进行专门的激励，然后测量模型的响应，在已知激励和响应的情况下求出模型的自振特性。实桥模型实验一般采用移动车辆荷载作用下求得动应变或动挠度。实验时将单辆车或多辆车按不同速度通过桥梁，有时还设置人工障碍模拟路面的不平整，使行驶车辆产

图 5-3　猎德大桥 1∶10 全模型平立面图（单位：mm）

生跳动以便测量车辆对桥梁的冲击作用，由此可以得到桥梁的动态增量。如图 5-4 和图 5-5 所示为某汽车以不同的速度通过桥梁测试桥梁的动力响应及风洞实验。

图 5-4　移动车辆不同速度通过桥梁

5.1.4　桥梁结构自主实验的内容

现以南京长江第三大桥为例来了解自主实验的内容，如图 5-6 所示。

南京长江第三大桥位于现南京长江大桥上游约 19km 处的大胜关，是上海至成都国道（GZ55）主干线的重要组成部分。大桥及连接线全长约 15.6km，总投资 30.9 亿元，其中跨江大桥长 4744m，主桥为跨径 648m 的双塔双索面钢塔钢箱梁斜拉桥。南引桥长 680m，北引桥长 2780m。南岸接线长 3.083km，北岸接线长 7.773km。全线采用双向六车道高速公路标准建设，并设四座互通立交。于 2005 年 10 月建成通车。为建设这么一座能保证日后安全运营和维护的大跨径桥梁，在设计、科研及施工工艺等方面都需要做一系列的实验研究。

图 5-5　金东大桥悬索桥抗风性能节段模型风洞实验

图 5-6　南京长江第三大桥

（1）桥梁模型风洞实验

学生根据自己设计的桥梁结构制作实验模型，对不同的桥型结构、桥塔或者桥墩进行不同比例的模型风洞实验。

（2）抗震模型实验

根据不同学生制作的模型抗震性能，测试静动土弹簧系数和阻尼，通过振动台也可以测出地震反应。

（3）静力模型实验

全桥静力模型实验或阶段模型实验，如图 5-7 所示。

（4）疲劳实验

测试活载作用下次弯曲应力和涡激、雨振作用下循环弯曲应力，同时关注桥面板、加劲肋结合处、横隔板和索锚固区的疲劳问题。

（5）全桥竣工实验

全桥竣工施压主要是针对实桥进行的承载能力实验，对学生的自主实验操作相对难以实现，但在条件许可的情况下可以让学生参与其中的工作，使学生自主实验的目标及任务得以实现。

图 5-7　南京长江第三大桥整体模型实验

5.2　桥梁结构自主实验的实现

5.2.1　概述

桥梁结构现场实验是对桥梁结构工作状态进行直接测试的一种实验手段，但桥梁现场实验费用大、周期长、现场测试条件差等问题不适宜于学生进行自主实验。因此桥梁结构自主实验主要是针对学生自己设计按一定比例制作的模型进行不同方式的测试。自主模型实验是仿照原型或者自己想象制作并按照一定比例关系复制或新做而成的构件或结构，它具有原型或新做的全部或部分特征。通过对模型的自主实验，可以得到与原型相似的工作情况或者自做构件的工作情况，从而可以对原型或自做的构件的工作性能进行了解和论证研究。模型自主实验一般包括模型设计、制作、测试和分析总结等几方面内容，中心问题是学生根据自己的想法如何进行模型设计，不同的学生制作的模型是不一样的，每个学生关注的问题也是有区别的，因此自主实验的核心思想就是利用学生的发散思维，根据现有的实验条件进行各自的实验模型设计。为了使模型实验的结果能验证或说明学生自己做的模型工作状态，或者是自主的计算方法的正确性，或者能与原先就有的原型联系起来，进行模型设计时就要遵循相似理论。相似理论提供了确定相似判据的方法，是指导模型实验、整理实验结果并把实验结果反推到原型的基本理论。由于实验目的的不同，学生自主实验模型设计的要求也不同。

如果自主实验的目的是验证一种理论或方法，那对于学生自主实验就是设计与某一结构大体相类似的具体结构，可以直接通过对学生自主设计的模型进行验证，按理论的方法对自主设计的模型数据进行计算并与实验结果进行比较即可说明问题。举例说明，比如要验证简支梁在跨中集中荷载作用下任意截面的应力及应变其计算理论的正确性，学生就可以根据自主进行模型设计，采用不同的简支梁，有的是长细梁，有的是深梁。这样通过不同学生的自主实验就可以了解哪种情况下该计算理论是正确的，哪种情况下计算理论是不合理的，如某深梁由于截面变形不符合平截面假定，采用原来的计算理论是不合理的，需要考虑深梁的影响因素。

如自主模型实验是为检验设计或提供设计依据。例如学生自主设计某结构或者新型结构时，往往对计算结果没有把握而必须依靠模型实验来判断所设计的结构的变形和内力。比如，学生参加结构设计大赛，就需要学生进行自主模型设计，然后根据自主设计的模型进行实验来验证自主设计的模型的承载能力到底有多大、自主设计的结构是否合理、受力是否明确等。

5.2.2 桥梁自主实验实例

实例一：某 T 形桥梁静载实验

1-1 实验目的

1. 通过测量单块 T 形梁在静力实验荷载作用下的关键截面的挠度、裂缝情况，从而确定 T 形梁结构的施工质量与设计期望值是否相符；

2. 通过实验了解 T 形梁的工作性能与受力性能。

1-2 实验内容

1. T 形梁两端支座沉降位移；

2. $L/4$、$L/2$、$3L/4$ 跨挠度；

3. T 形梁底部拉应力；

4. 裂缝观测。

其中挠度测点 3 个，支座沉降测点 2 个。裂缝观测在 T 形梁受荷载后的受拉区（跨中区域位置）、剪力区（两端支座位置）等重点区域。

1-3 实验设备

1. 加载设备一套；

2. 机电百分表（0.01mm）；

3. 静态应变仪；

4. 应变计、卷尺；

5. 光电读数显微镜。

1-4 实验方法及步骤

（1）实验方法

1）挠度观测：机电百分表（0.01mm/100mm）与静态应变仪配合，自动进行挠度记录测试。

2）裂缝观测：光电读数显微镜观测裂缝宽度（0.01mm），卷尺量测长度及距离。

（2）加载如示意图 5-8 所示。

（3）实验步骤

1）准备工作。

① 根据现场实际情况，由施工单位在预制梁场原放置 T 形梁处的两侧施工混凝土支墩（高约 50cm，支墩处应能够承受 30m 的 T 形梁及加载重量，不能产生沉降变形），表面应光滑水平（以保证 30m 的 T 形梁安装平整以免加载时倾斜倒塌），两侧加厚 20cm 钢筋混凝土，高差不大于 5mm。

②在 T 形梁顶面上放出支点位置及中心线，并做好明显标记，平铺一层细砂找平，将分配梁平稳放置于 30m 的 T 形梁跨中部位，把千斤顶对中放于分配梁上。

2）T 形梁安放。

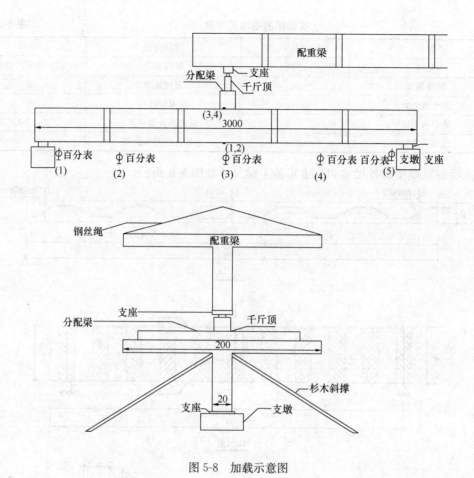

图 5-8　加载示意图

① 安放好后要认真检查各部位是否安全、牢固、可靠；在 T 形梁两端翼缘端用杉木做斜撑以避免 T 形梁在加载时歪斜。

② 对所测 T 形梁进行全面检查，并要对已有的裂纹采用红蓝铅笔做出明显标记区分。

3）加载及预压。

① 利用手油泵加压使千斤顶上升进行加载实验。

② 预压为 80％最大荷载即第四级加载数值。

实例二：波形钢腹板梁的静载实验

2-1　形钢腹板梁自主设计实验

学生可以根据自己的要求制作不同的梁，本实验钢梁是参考某大桥波形尺寸（波纹钢腹板 PC 组合梁桥）设计的实验梁，波形尺寸按照约 1∶5 的比例进行缩放。本实验中主要设计了 4 根不同波纹钢腹板梁进行自主实验，共有 5.5 个波长，每个波长都为 320mm，实验梁加载方式都为 3 点弯曲加载。工字钢梁（单位 mm）：加劲肋厚 4（6）mm；3 点弯曲设置 3 道加劲肋，两端加劲肋位置都处于斜腹板上，端部的支撑距离端部 80mm，在支撑位置处的加劲肋贯通上下翼缘，采用连续焊缝的厚度与腹板厚度一致。跨中处支撑位置的加劲肋长度为 150mm，仅与上翼缘连接，实验梁的基本尺寸如表 5-2。

实验梁的基本尺寸表（mm）　　　　　　　　表 5-2

梁长	1760	梁净跨长	1600
梁高	260	梁腹板高	260−6×2＝248
翼缘板宽	88	翼缘板厚	6
波形板波宽	86/93.7	波形板波高	44/66.3
波形板厚度	4 /6	斜边同直边夹角	30.7°/45°
过焊孔半径	20	过焊孔距跨中距离	240/560

工字钢梁模型的各尺寸和自主实验Ⅰ梁尺寸如图 5-9 所示。

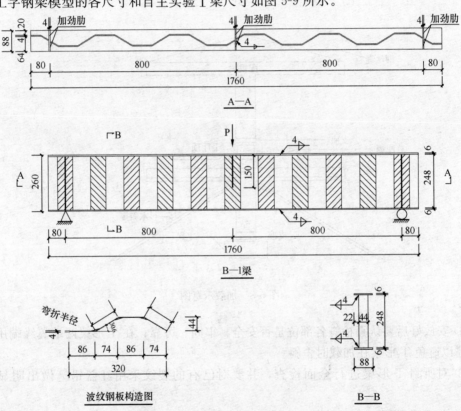

图 5-9　波纹钢板实验Ⅰ梁尺寸

自主实验Ⅱ梁尺寸：在腹板上开 8 个孔，孔径半径为 12mm，分别布置在上下翼缘与波纹直板相交处，具体位置见图 5-10。

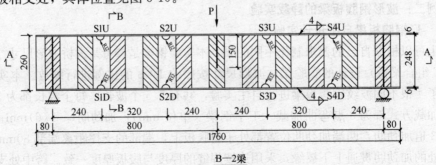

图 5-10　波纹钢板实验Ⅱ梁尺寸

86

过焊孔要求在腹板压制完成后，采用冷加工工艺开孔，并使空洞表面光滑，再使腹板与上下翼缘焊接成形，该处焊接连续。

自主实验Ⅲ梁尺寸：梁的腹板厚度为6mm，并且在直腹板上采用焊接方式焊接，即采用具有腹板焊接连接，并且在采用两种不同的焊接方式。具体的位置参考图5-11。

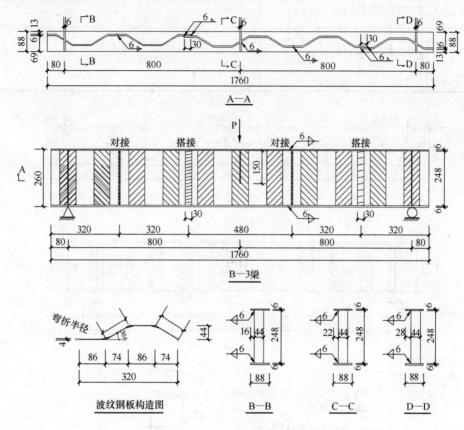

图5-11　波纹钢板实验梁Ⅲ尺寸

自主实验Ⅳ梁尺寸：梁的直斜波纹钢腹板夹角为45°，直斜波纹长都为93.7mm，单位波长与前三根实验梁一致，具体见图5-12。

工字梁共4根，编号为Ⅰ、Ⅱ、Ⅲ、Ⅳ，波纹腹板之间的搭接采用连续贴角焊和对焊两种方式（Ⅲ梁），波纹钢腹板和上下翼缘钢板的连接采用角焊。加载工况的横向为均布加载；采用三点加载方式，具体见表5-3。

实验梁的基本实验方法　　　　　　　　　　　　　　　　　　　　表5-3

编号	加载工况	加载应力	加劲肋	测试内容	过焊孔	波形角度
Ⅰ	L	荷载Ⅰ	4	静力变形	无	30.7°
Ⅱ	L	荷载Ⅱ	4	动力变形	有	30.7°

编号	加载工况	加载应力	加劲肋	测试内容	过焊孔	波形角度
Ⅲ		荷载Ⅲ	6	静力应变	无	30.7°
Ⅳ		荷载Ⅳ	4	动力应变	无	45°

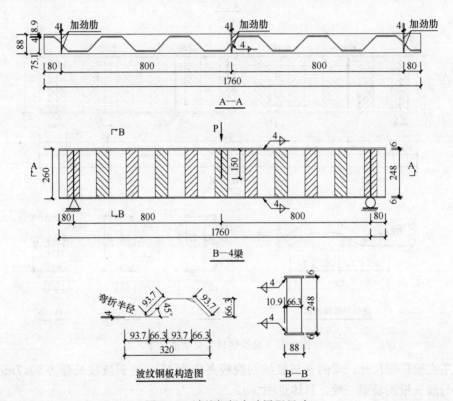

图 5-12　波纹钢板实验梁Ⅳ尺寸

额外材料需求：

① 两片厚度都为 4mm 单元波长为 320mm 的波纹腹板，其中一块波纹钢腹板梁的直斜腹板夹角为 30.7°（与Ⅰ、Ⅱ、Ⅲ梁一致），具体单元波形与Ⅰ梁一致（长 320mm、高 44mm、宽 300mm）；另外一块波纹钢腹板梁直斜腹板夹角为 45°（与Ⅳ一致），单元波形与Ⅳ一致（长 320mm、高 66.3mm、宽 300mm），如图 5-13 所示。

② 两片厚度为 6mm 的板材（宽度为 88mm、长度为 2000mm）（同钢材型号）。

③ 一片厚度为 12mm 板材（30mm×30mm）或是直径为 12mm 的棒材 1000mm 长（同型号材料实验用）。

2-2　实验目的

1. 通过波形钢腹板简支梁静载实验，熟悉波形钢腹板静载实验的全过程。学习静载实验中常用仪器设备的使用方法。

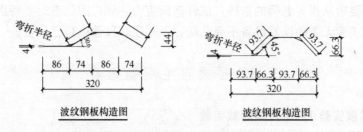

图 5-13　波形钢板自主实验构造图

2. 验证受弯构件正截面工作状态，了解波形钢腹板受力性能。

3. 培养波形钢腹板组合结构实验分析的初步能力，锻炼实验操作的动手能力。

2-3　实验内容和要求

1. 量测试件在各级荷载下的跨中挠度值，绘制梁跨中的 M-f 曲线图。

2. 量测试件在纯弯曲段沿截面高度的平均应变，绘制沿梁高的应变分布图。

3. 观察和描绘波形钢腹板组合梁的受力特征，并与钢筋混凝土梁进行对比分析。

2-4　实验设备及仪表

1. 加载设备一套。

2. 30mm 百分表及磁性表座若干。

3. 100kN 压力传感器一套。

4. 静态电阻应变仪一套。

5. 电阻应变片及导线若干。

2-5　试件和实验方法

1. 试件

试件为波形钢腹板梁，实验前用稀石灰水刷白试件，并用铅笔在试件侧面画出网格，以便于观察。

2. 实验方法

① 用千斤顶和反力架进行两点加载，或在实验机上加载。

② 用百分表量测挠度，用应变仪量测应变。

3. 实验步骤

① 安装试件，安装仪器仪表并联线调试。

② 记录百分表和应变仪的初始读数。正式加载前先进行预压，检查各种仪器设备工作是否正常，记录百分表和应变仪的读数。

③ 每级荷载下待应变值基本稳定后认真读取应变仪读数，以确定沿截面高度的应变分布。每次加载后五分钟读百分表，以确定梁跨中及支座的位移值。

④ 加载后十分钟读百分表和应变仪的读数并做好记录。

⑤ 分级加载到接近波形板底部拉应力达到极限荷载时，应缓慢加载，注意观察梁的截面应力应变的分布状态。

2-6　注意事项

1. 实验前应明确本次实验的目的、要求，熟悉实验步骤及有关事项，对不清楚的地方应首先进行研究、讨论或向指导老师请教，严禁盲目操作。

2. 实验时要听从指导老师的指挥，试件截面应力达到极限状态时要特别注意安全。

3. 对与本实验无关的仪器设备不要乱动，否则损坏仪器由自己负责。

5.3　桥梁自主实验拓展

5.3.1　扩展实验 1：单片梁静载实验

1. 实验目的

（1）直接了解单片梁在实验荷载作用下的实际工作状态，对其承载能力、结构强度、质量稳定性、刚度、裂缝等做出科学的评价，从而评定桥梁结构在设计使用荷载下的工作性能及桥梁的质量。

（2）检验桥梁结构的工作性能以及检查施工质量是否满足设计的要求。

2. 实验内容

（1）跨中截面下缘正应力；

（2）跨中截面挠度变形；

（3）支点附近截面主拉应力；

（4）主梁混凝土强度；

（5）裂缝观测；

（6）支座或墩台沉降。

3. 实验设备

（1）加载装置一套；

（2）精密水准仪、百分表；

（3）电测装置一套。

5.3.2　扩展实验 2：曲线箱梁桥有机玻璃模型自主实验

1. 曲线桥梁模型的基本概念

在结构自主实验中，一般包括学生自己模型设计、制作、测试和分析总结等内容，自主实验根据学生自己的要求进行相应的模型设计。为了使学生自己模型实验的结果与原型联系起来，进行模型设计时必须根据相似理论来设计模型。相似理论是指导模型实验、整理实验结果并把这些实验的结果推广到原型上去的基本理论。自主结构模型实验基于相似理论综合考虑模型几何尺寸、材料、制作条件、加载能力、测点布置及设备条件等因素确定一个合适的实验模型。

原型桥梁主线跨度为 25m（直梁）＋25m（曲梁），桥梁结构如图 5-14 所示。该模型是两跨所组成，一部分是桥梁的第一跨是直线，第二跨是曲线，那么学生可以根据自主设计的模型采用曲梁、直梁或者一跨直线加一跨曲线或者两跨曲线以及单跨直线等，完全可以根据学生的自己的要求进行自主实验。即学生针对实际桥梁的结构，以自己的兴趣要求按不同的方式进行自主实验的设计及测试，于是就可以制作不同

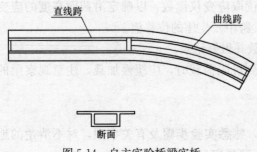

图 5-14　自主实验桥梁实桥

的实验测试模型实现自主实验的目的。

2. 实验模型材料

实验模型的制作是基于不同学生自主制作的模型为对象。另外，实验模型的制作首先就是模型材料的选取，因为可以用来制造模型的材料很多，但是没有绝对理想的材料。因此，在选用材料时，应该先对它们有较全面的了解，在这基础上比较它们的优缺点，然后才能进行选择。本文现以某学生根据模型实验的目的以及综合考虑制作条件、加载能力、设备情况以及考虑到实验室现有的条件，实验采用有机玻璃作为模型材料，弹性极限约为60MPa，厚度较大的可采用黏接叠合的方式，用氯仿黏结。另用同批材料制作小梁 3 个（截面 12mm×10mm，梁长 600mm），用于弹性模量的测定。有机玻璃是一种较为理想的模型材料，它具有以下优点：（1）弹性模量较小，其弹性模量一般为混凝土的 1/10，钢材的 1/70，只需施加较小的荷载就可获得满足测试精度的应变和变形；（2）具有较高的弹性极限，在弹性范围内有较好的线弹性性质；（3）材料的均匀性好，可检查性较强；（4）可加工性好。当然，有机玻璃亦存在缺点，其一是对温度比较敏感；其二是弹性模量与前期加载历史有关，但这些缺点均不难克服。

3. 实验模型设计

本次模型实验是弹性结构模型实验，即系指结构材料服从虎克定律，应力不超过弹性极限，认为荷载与变形之间是线性关系，即应力、位移均与荷载成正比。另外，该模型设计是线性平面应力问题，从而平面应力问题中的应力与结构材料的弹性模量无关，故物理量之间的关系式为：

$$f\left(\sigma, \frac{F}{h}, l, \mu\right) \tag{5-1}$$

即应力的表达式为：

$$\sigma = f\left(\frac{F}{h}, l, \mu\right) \tag{5-2}$$

则通过量纲分析可得：

$$\varphi(\mu) = \frac{\sigma h l}{F} \tag{5-3}$$

或为

$$\pi_1 = \phi(\pi_2) \tag{5-4}$$

其中 $\phi(\mu)$ 为无量纲函数，另外，在线弹性结构中，相似条件除了几何相似、荷载相似、边界条件相似相协调外，不要求满足虎克定律相似，故在设计模型时，按相似条件只需满足泊松比相似常数 $C_\mu = 1$ 即可，其他相似常数可根据情况任意选取。引入有关的相似常数可得：

$$C_\sigma = \frac{C_F}{C_h C_l} \tag{5-5}$$

基于模型相似理论以及模型量纲分析，本实验模型的主要相似参数定为：

几何相似常数：　　　　　$C_l = 30$

外力相似常数：　　　　　$C_F = 4500$

弹性模量相似常数：　　　$C_E = 10$

位移相似常数：　　　　　$C_\delta = 30$

应变相似常数： $C_\varepsilon = 1$

应力相似常数： $C_\sigma = 5$

根据相似常数确定相似模型的几何尺寸，从而可以得到缩尺的有机玻璃模型。

4. 实验方案

模型桥梁可以是直线、曲线或者直线与曲线所组合而成，具体模型制作根据学生的自主实验采用不同的形式以及构造形式，如支座以及不同的梁体组合等进行自主实验设计。

（1）自主测试内容

1）自主支撑方式的挠度及应变测试实验；

2）自主工况下桥梁主要控制截面的挠度实验；

3）自主模型支反力测试实验；

4）自主模型自振频率测试；

5）自主模型加载方案实验测试。

（2）仪器设备

1）静态应变数据采集采用 DH3816 静态应变测试系统；

2）挠度测试采用百分表或千分表；

3）压力传感器采用 BLR-1/150；

4）支反力通过 YJ-31 型静态电阻应变仪进行标定测试；

5）DASP 振动测试系统。

5.3.3 扩展实验 3：某连续梁桥自主实验

南溪大桥全桥共 29 孔，跨径组成为：19.3＋12×20＋70＋110＋70＋12×20＋19.3m，全长 768.6m。主桥为两座带挂孔的单箱双室预应力混凝土 T 形刚构，T 形刚构悬臂长 2×40m，两端挂孔长 30m。该 T 形刚构悬臂根部梁高 6.0m，端部梁高 2.0m，挂孔为 30m 预应力混凝土简支 T 形梁；引桥为多孔一联，桥面连续简支结构，上部构造为 20m 预应力混凝土空心板；下部结构为柱式墩，台、桩基础，本桥通航净空：80m×6m。该桥原设计荷载为汽车－20 级，挂－100，原桥主桥及控制截面如图 5-15 所示。根据该桥的设计资料以及现场测试资料，学生可以进行以下几方面相关的自主实验：自主结构分析方法、自主实验模型设计、自主测试内容及加载方式等。

1. 连续梁桥结构受力分析

利用通用有限元软件进行计算，共划分为 817 个节点，1104 个空间梁单元。经计算，经过计算比较，设计内力由 1 号梁控制，1 号梁在设计荷载作用下的弯矩和剪力包络图如图 5-16 和图 5-17 所示。

学生自主分析拓展：如板壳单元分析、实体单元以及梁单元分析等。

2. 实验模型设计

针对该桥的结构特点及学生自己各自侧重点的不同选择不同的模型进行自主模型设计实验，现以某学生重点关注是验证主桥的空间梁格计算方法是否正确而进行的模型实验研究。根据原型桥梁主桥的结构特点选用有机玻璃板材制作。设计时对几何比例尺寸和其他指标的考虑原则根据相似理论确定。

结构模型设计程序：

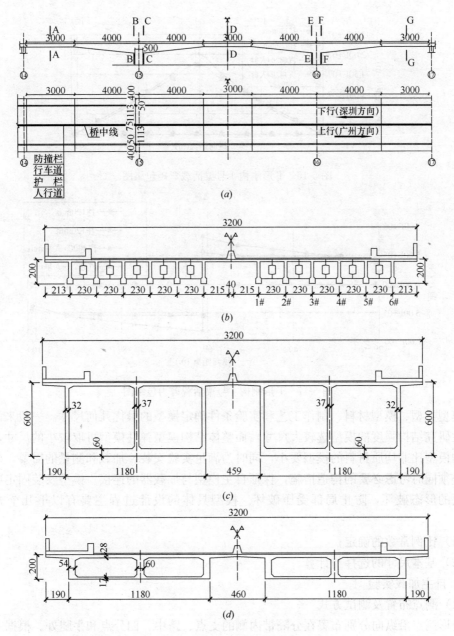

图 5-15　南溪大桥主跨及其截面形式

(a) 主桥；(b) 控制截面断面；(c) 箱梁墩顶截面；(d) 箱梁悬臂端截面

（1）选择模型类型；

（2）确定相似条件；

（3）确定模型尺寸；

（4）模型构造设计。

模型设计通常根据学生自主实验的目的选择模型类型，验证设计计算方法和测试结构动力特性为目的的一般采用弹性模型，用来研究结构的极限强度和极限变形性能为目的时选择强度模型。根据对研究对象的认识程度用方程式分析法或量纲分析法确定相似条件。

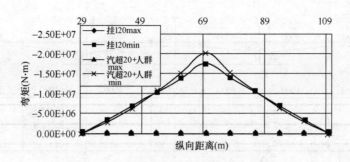

图 5-16　T 形刚构 1 号梁活载弯矩包络图

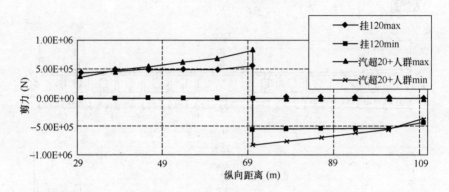

图 5-17　T 形刚构 1 号梁活载剪力包络图

根据模型类型、模型材料、制作工艺和实验条件确定模型的最优几何尺寸。一般来说对于局部性研究结构强度的模型选较大尺寸，而整体结构模型弹性模型可取较小的尺寸，材料结构的模型比非均质材料的模型要小，同时为满足实验安装、加载和测量的需要，模型设计时必须同时考虑必要的构造措施，保证自主模型与加载器的连接。模型安装固定应按实验需要的形态破坏，防止局部受压破坏。模型具体的设计过程主要有以下几个方面的内容：

（1）比例常数的确定；

（2）基本尺寸的选择与计算。

3. 自主加载实验

（1）测点布置及测试方式

变形测点沿纵向分别布置在分隔带内侧的支点、跨中、四分点和牛腿处。根据《实验方法》的规定及分析计算，应变量测截面设置在学生自主需要设置的控制截面，根据受力特点以及主要考察对象进行应变测点设置。量测内容为各级荷载下的应变及卸载后残余应变。

（2）荷载及其他施加方式

① 恒载的模拟；

② 活载的模拟；

③ 预应力荷载的模拟；

④ 支承条件模拟。

（3）测试过程

由于不同学生测试的内容及其侧重点不一样,其加载的过程荷载工况等也不同,按不同的加载工况及方案进行自主实验测试。

4. 实验结果

根据学生自主实验的目的不同那么实验结果也是自主的结果。但是不管是哪种自主实验的结果都是为了说明某个问题或者验证某个计算理论及方法,因此每个自主实验的结果来验证自主设计模型的受力是否合理以及自主实验的结果与理论结果对比分析有什么不同等需要进一步的分析与讨论,从而达到学生自主实验的目的。每个学生能发挥自己的能力,同时通过不同的自主实验可以进行对比分析,哪种结构比较合理,哪种测试方式更加科学,按现有的测试方法还存在哪些问题。学生通过自主实验能获得哪些更深入的认识和理解。

5.4 桥梁结构实验的结语

桥梁结构学生自主实验的相关内容如图 5-18 所示。桥梁结构自主模型实验作为桥梁结构研究的一个重要手段,并以自主实验充分发挥学生各自的发散思维用来解决每个学生遇到的或者不能较好理解的问题,从而使学生在桥梁结构学习的过程中,对桥梁结构的力学行为,桥梁的设计、施工和理论分析等方面的深入与理解发挥应有的作用。桥梁结构学生自主实验技术的关键是学生对桥梁结构模型的自主设计,自主设计涉及相似理论及其应用、桥梁静动力自主模型的设计要领及模型材料的自主选取等都是桥梁结构自主模型设计中最基本的一些内容,至于模型测试技术基本相差不大,不同的只是模型结构以及测试的内容有所区别,故对于不同的测试模型及测试内容对测试的精度、传感器以及其他相关的测试仪器的质量等有些不同的要求。桥梁结构学生自主模型实验根据学生的发散思维针对每个学生自己的问题进行各自有目的的模型实验,对学生更好地学习桥梁工程专业知识以及理解起到应有的作用。

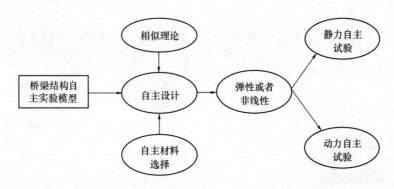

图 5-18 桥梁结构自主实验内容

本章主要参考文献

[1] 范立础. 桥梁工程. 北京:人民交通出版社, 1988.

[2] 中华人民共和国交通部. 公路旧桥承载能力鉴定方法. 北京:人民交通出版社, 1988.

[3] 李国豪. 桥梁结构稳定与振动. 北京:中国铁道出版社, 1996.

[4] 张俊平，周建宾. 桥梁检测与维修加固. 北京：人民交通出版社，2006.

[5] 卢彭真. 人字形桥梁结构计算理论与模型试验研究. 广州：广州大学，2006.

[6] 胡大琳. 桥涵工程试验检测技术手册. 上海：同济大学出版社，1999.

[7] 杨文渊等. 桥梁维修与加固. 北京：人民交通出版社，1992.

[8] 蒙云. 桥梁加固与改造. 重庆：重庆大学出版社，1989.

[9] 聂建国. 钢-混凝土组合结构桥梁. 北京：人民交通出版社，2011.

第6章 钢筋混凝土结构自主综合实验

6.1 概　述

通过各种实验技术手段，对钢筋混凝土构件进行受弯、剪、压等加载实验，观测实验构件的工作性能参数和破坏形态，分析各性能参数（如位移、应力、变形等）和观测的破坏形态，探讨构件的破坏机理，从而对结构的工作性能作出合理的评价，正确估计构件的承载能力与工作性能。

自主综合实验全过程包括：钢筋混凝土实验的课题选择、研究目标的确立、计算分析、实验模型设计、构件制作、加载测试、理论与实验数据对比分析、撰写研究论文或总结报告。从实验项目的选题、方案的制定、加载测试到结果分析总结全过程中都体现出自主元素，指导教师在每个环节仅提指导建议，不作具体决定，充分体现学生自主意识理念。自主实验让学生体验了科学研究的整个过程，训练和提高学生综合运用所学专业知识、从实际生活中观察和发现问题以及团队协作通过实验手段解决问题的能力，极大地锻炼学生的自己动手独立完成综合实验的能力和创新思维。

本章基于自主综合实验理念，初步介绍了钢筋混凝土基本构件性能综合实验，内容包括：钢筋混凝土梁的受弯性能实验，扩展实验包含高强钢筋梁、锈蚀钢筋梁、碳纤维加固锈蚀钢筋梁等受弯性能实验；钢纤维钢筋混凝土梁的受剪性能实验，扩展实验包含碳纤维布加固二次受力钢筋混凝土梁、再生混合钢筋混凝土梁等受剪性能实验；钢筋混凝土柱受压性能实验，包含钢筋混凝土短柱偏心受压性能实验与碳纤维布加固钢筋混凝土柱双向偏心受压性能实验。

6.2 钢筋混凝土梁受弯性能自主综合实验

6.2.1 实验A　钢筋混凝土梁受弯性能实验

（1）实验目的

独立自主学习静载实验中常用仪器设备的使用方法，锻炼实验操作的动手能力，培养混凝土结构实验分析能力。验证受弯构件正截面工作的三个阶段，了解正常使用极限状态和承载能力极限状态下梁的正截面工作性能。了解钢筋混凝土简支梁静载破坏实验的全过程，加深对钢筋混凝土梁正截面受力特点、变形性能和裂缝开展规律的理解。了解钢筋混凝土超筋梁和适筋梁受弯破坏形态的差异，加深对不同配筋率的钢筋混凝土梁的正截面受力特点、变形性能和裂缝开展规律的理解，掌握对不同配筋率的钢筋混凝土梁实验结果对比分析的方法。

（2）实验内容

通过钢筋混凝土梁正截面受弯实验，观测记录各级荷载下支座沉陷与跨中的位移或跨中挠度值，绘制梁跨中的 M-f 曲线图；量测各级荷载下主筋跨中的拉应变及混凝土受压边缘的压应变、各级荷载下梁跨中上边纤维、中间纤维、受拉筋处纤维的混凝土应变，试件在纯弯曲段沿截面高度的平均应变以及受拉钢筋的应变，绘制沿梁高的应变分布图。记录梁的破坏荷载、极限荷载和混凝土极限压应变。观察和描绘梁的破坏情况和特征，记下破坏荷载 P_{tu}（M_{tu}），并与理论计算值比较。

仔细观察试件的裂缝出现和开展过程，并在试件上作出标记：发现裂缝时在裂缝旁边用红铅笔描出，在裂缝顶端画一横线，注明相应的荷载值，各裂缝按出现先后顺序编号，用读数显微镜测定底端最大裂缝的宽度。记录、观察梁的开裂荷载和开裂后各级荷载下裂缝的发展情况（包括裂缝分布和最大裂缝宽度 w_{max}，裂缝间距和裂缝宽度），并与理论计算值比较。试件破坏后绘制裂缝分布图，记录试件梁破坏时裂缝分布情况。

（3）实验设备与仪表

加载设备一套；30mm 百分表及磁性表座若干，电位移计；100kN 压荷载传感器一套；静态电阻应变仪一套及电阻应变片及导线若干；裂缝观察镜和裂缝宽度量测卡或裂缝观测仪或裂缝塞尺一套。

（4）试件、实验方法与步骤

1）梁试件的设计

适筋梁、超筋梁设计参考配筋图如图 6-1 所示。

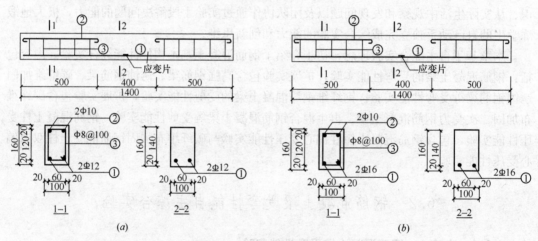

图 6-1　梁配筋设计参考图
（a）适筋梁；（b）超筋梁

受拉主筋①号筋材料：适筋梁为Φ12 的 HRB335 级钢筋，超筋梁为Φ16 的 HRB335 级钢筋，实验前均预留 3 根长 500mm 的材料，用作测试其应力应变关系。混凝土按 C20 配合比制作，在浇筑混凝土时，同时浇筑 3 个 150mm×150mm×150mm 的立方体试块，用作测定混凝土的强度等级。

以上配筋设计仅供参考，梁的截面尺寸、配筋数量和各材料强度等级各组根据本组实验目的自行设计取用；适筋梁与超筋梁配筋量应根据不同界面尺寸、混凝土强度和钢筋强度计算确定。梁的截面可以各根据实际中工程需要设计为异型截面（非矩形截面，如 T 形 I 字形、提篮形等参见图 6-2），原则是受力合理、各尽其才。

混凝土材料强度等级可以关注 C20～C30，根据工程需要可以选用各种矿物掺合料混凝土、纤维混凝土（钢纤维、碳纤维、玻璃纤维、玄武岩纤维等），关注不同掺量下混凝土性能、混凝土梁正截面工作性能。

钢筋采用 HRB335、BRB400、HRB500 等，混凝土梁实际工作中不可避免地存在裂缝，对裂缝有要求的构件，也可以采用预应力钢筋，预应力梁设计时，应考虑预

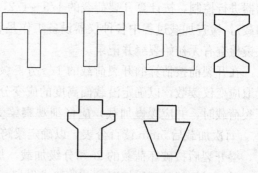

图 6-2　截面设计参考图

应力损失，确定预应力试件最小长度。常规梁构件，高度受限时，可以考虑采用双筋截面，或者钢筋混凝土型钢组合截面（钢筋混凝土受压，型钢受拉或者部分受压从而有效减小截面高度）。

混凝土和钢筋力学性能实验测试材料强度。试件两侧用稀石灰刷白试件，用铅笔画 40mm×100mm 的方格线，以便观测裂缝。实验分为适筋梁和超筋梁受弯性能实验，实验前分别根据试件梁的截面尺寸、配筋数量和材料强度标准值计算试件梁的承载力、正常使用荷载和开裂荷载。

2）试件梁的加载及仪表布置

试件梁支承于台座上，通过千斤顶和分配梁施加两点荷载，由荷载传感器读取荷载读数。在梁支座和跨中各布置一个百分表。在跨中梁侧面布置 4 排应变测点。在跨中梁上表面布置一只应变片。在跨中受力主筋中间位置各预埋一只应变片。实验方法采用用千斤顶和反力架进行两点加载，或在实验机上加载。用百分表量测挠度，用应变仪量测应变。仪表及加载点布置如图 6-3 所示。

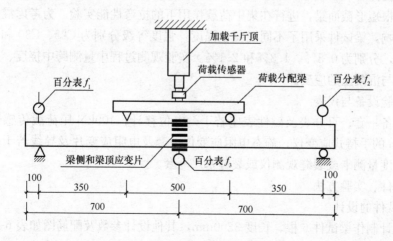

图 6-3　仪表及加载点布置图

3）实验方法与步骤

安装试件，安装仪器仪表并联线调试。

调整仪表并记录百分表和应变仪的初始读数。正式加载前先进行预加载（利用荷载传

感器进行控制，按计算开裂荷载的 1/3～1/2，分三级加载，每级稳定时间为 1min，然后卸载），检查加载过程中各种仪器设备工作是否正常，记录百分表和应变仪的读数，用放大镜检查有无初始裂缝并记录。

在开裂前按估算的开裂荷载的 1/3 分三级加载，每级荷载下待应变值基本稳定后认真读取应变仪读数，以确定沿载面高度的应变分布。在每级荷载施加后（特别是接近估算的开裂荷载时，并应缓慢加载）应仔细观察梁受拉区有无裂缝出现，并随时记下开裂荷载 P_{cr}。每次加载后 5min 读百分表，以确定梁跨中及支座的位移值。

梁开裂后按破坏荷载的 20％分级加载，加载后 10min 读百分表和应变仪的读数并做好记录，对裂缝的开展情况按前述要求做好标记，并用读数放大镜测读最大裂缝宽度。在每级加载后的间歇时间内，认真观察实验梁上原有裂缝的开展和新裂缝的出现等情况并进行标记，记录电阻应变仪、百分表或手持式应变仪读数。

分级加载到接近破坏荷载时，应缓慢加载，注意观察梁的破坏表象，至完全破坏时，记下破坏荷载值 P_{tu}（M_{tu}）。

当试件梁出现明显较大的裂缝时，撤去百分表，加载到试件梁完全破坏，记录混凝土应变最大值和荷载最大值。

卸载，记录试件梁破坏时裂缝的分布情况。

6.2.2 扩展实验 A-1 高强钢筋混凝土梁受弯性能实验

（1）实验目的

为了解高强钢筋（500MPa）混凝土不同参数组合的实验梁的受弯性能、变形性能及判别其能否满足《混凝土结构设计规范》中对最大裂缝宽度和最大挠度的限值要求。分析正常使用条件下受拉钢筋配筋率与混凝土强度等对实验梁的开裂、裂缝间距和宽度、挠度的影响。

（2）实验内容

设计数根矩形截面梁，进行在集中荷载作用下的抗弯性能实验。为考虑混凝土强度与配筋率的影响，梁试件采用了不同混凝土强度，强度等级分别为 C25、C30 和 C35，不同纵筋配筋率，分别为 0.8％、1.3％和 2.1％。实验观测过程中量测跨中挠度、裂缝宽度和间距、钢筋与混凝土的应变。

（3）实验设备与仪表

加载设备一套；百分表及磁性表座若干，电位移计；100kN 压荷载传感器一套；标距为 250mm 的手持式应变仪；静态电阻应变仪一套及电阻应变片及导线若干；裂缝观察镜和裂缝宽度量测卡或裂缝观测仪或裂缝塞尺一套。

（4）试件、实验方法

1）梁试件的设计

实验设计制作梁试件 6 根，长度 3200mm，其他设计参数及配筋图如表 6-1 所示。

梁试件截面尺寸及配筋参数　　　　　　　　　表 6-1

试件编号	混凝土强度等级	截面尺寸 $b×h$ (mm)	①纵筋	②箍筋	③架立筋	配筋率 ρ （%）
L1	C25	200×400	3 Φ 16	Φ 10@150	2 Φ 12	0.8

试件编号	混凝土强度等级	截面尺寸 $b \times h$ (mm)	①纵筋	②箍筋	③架立筋	配筋率 ρ (%)
L2	C30	200×400	3 Φ 16	Φ 10@150	2 Φ 12	0.8
L3	C35	200×400	3 Φ 16	Φ 10@150	2 Φ 12	0.8
L4	C25	200×400	2 Φ 25	Φ 10@150	2 Φ 12	1.3
L5	C30	200×400	2 Φ 25	Φ 10@150	2 Φ 12	1.3
L6	C35	200×400	2 Φ 25	Φ 10@150	2 Φ 12	1.3

试件浇筑完成后，在自然条件下养护，龄期达到 28d。混凝土强度采用实测混凝土立方体抗压强度，根据式(6-1)～式(6-3)推算轴心抗压强度、抗拉强度及混凝土弹性模量。

$$f_{ck} = 0.88 \alpha_1 \alpha_2 f_{cu,k} \tag{6-1}$$

$$f_{tk} = 0.88 \times 0.395 f_{cu,k}^{0.55} \tag{6-2}$$

$$E_c = \frac{10^2}{2.2 + \dfrac{34.7}{f_{cu,k}}} \ (kN/mm^2) \tag{6-3}$$

2) 试件梁的加载及仪表布置

试件梁支承于台座上，采用简支支座，一端为固定支座，另一端为滑动支座。通过千斤顶和分配梁施加两点荷载，由荷载传感器读取荷载读数。在实验开始前对压力传感器进行标定。在梁支座和跨中各布置一个百分表。实验方法采用液压千斤顶进行加载，用简支分配梁将千斤顶的压力对称地分配给实验梁。用百分表量测挠度，用应变仪量测应变。仪表及加载点布置如图 6-4 所示。加载点、支座处均垫有钢板，防止混凝土局部压坏。

3) 变形观测

在两支座梁顶面处安放两个百分表，测量加载过程中的支座沉降；在跨中安放5 个百分表以测量跨中竖向位移。在百分表触点和测量点之间预先固定玻璃片，以使百分表顺利工作。用跨中竖向位移减去两支座沉降的平均值，可得构件的跨中挠度值。

4) 裂缝观测

吊装实验梁前，在梁侧面刷白浆，并用墨线盒弹出横纵网格，并沿实验梁纵向画出坐标值，方便记录裂缝位置。开始加

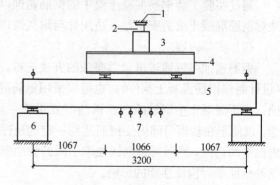

图 6-4　仪表及加载点布置图

1—反力梁；2—压力传感器；3—油压千斤顶；

4—分配梁；5—试件；6—支座；7—百分表

载后，借助丙酮和放大镜查找裂缝，发现新裂缝后，用记号笔在实验梁侧面新裂缝上描画出新裂缝的起始位置和延伸高度。将裂缝按出现的先后顺序编号，记录裂缝的网格坐标值以确定裂缝的位置，记录裂缝出现时的荷载值和延伸到某一高度后的荷载值，以及在这一荷载值的裂缝宽度。裂缝宽度比较小时，用裂缝读数显微镜读取裂缝宽度。裂缝宽度比较大时，用裂缝宽度对比卡粗略读取裂缝宽度，用钢尺测量裂缝间距。

5）混凝土应变测量

在实验梁跨中位置，沿梁高粘贴 5 个混凝土应变片，将混凝土应变片与电子应变仪电路接好，将电子应变仪与计算机连接好，以采集每一级荷载作用下的混凝土应变。

为了测量混凝土平均应变，在实验梁跨中位置沿梁高粘贴测点，测点标距 250mm。用标距为 250mm 的手持式应变仪测量混凝土的平均应变。

6）钢筋应变测量

试件底部受拉筋粘贴钢筋应变片，测量每级荷载下的钢筋应力。粘贴应变片时，严格按照应变片粘贴要求进行，贴好后用 914 胶和纱布封裹，并测量电阻值和绝缘情况，确保满足技术要求。

（5）实验参考结果

表 6-2 列出了实验梁在使用荷载作用下的短期、长期最大裂缝宽度实验值 w_s、w_l。

试件的最大裂缝宽度实验值　　　　　　　　　　　　　　　　表 6-2

试件编号	M_k （kN·m）	w_s （mm）	w_l （mm）
L1	77.40	0.40	0.60
L2	78.05	0.25	0.38
L3	78.99	0.34	0.51
L4	107.25	0.30	0.45
L5	108.60	0.33	0.50
L6	110.55	0.33	0.50

6.2.3　扩展实验 A-2　锈蚀钢筋混凝土梁受弯性能实验

（1）实验目的

通过实验了解钢筋混凝土梁中的钢筋锈蚀以后对其受弯性能产生的影响，明确钢筋锈蚀对钢筋混凝土梁的安全性、适用性与耐久性产生的不利影响。

（2）实验内容

钢筋锈蚀可以通过电化学腐蚀的方法进行，也可以采用实际工程中拆下来的锈蚀钢筋（设计制作钢筋混凝土构件），也可以采用钢筋混凝土梁在自然暴露较长时间中进行钢筋锈蚀；由于混凝土中钢筋的自然锈蚀需要很长一段时间，一般室内实验都采用快速锈蚀实验，以便于在较短时间内使钢筋达到一定的锈蚀率。本实验采用电化学腐蚀的方法加速梁内钢筋的锈蚀，然后对钢筋锈蚀率不同的锈蚀钢筋混凝土梁进行受弯性能实验，实验探讨钢筋锈蚀率对构件性能的影响。

（3）实验设备与仪表

加载设备一套；百分表及磁性表座若干，电位移计；100kN 压荷载传感器一套；恒定直流电源若干组，标距为 250mm 的手持式应变仪；静态电阻应变仪一套及电阻应变片及导线若干；裂缝观察镜和裂缝宽度量测卡或裂缝观测仪或裂缝塞尺一套。

（4）试件、实验方法

1）梁试件的设计

实验梁试件的混凝土材料采用硅酸盐水泥、中砂和最大粒径小于 4cm 的碎石。按 C25 要求的混凝土配合比为水泥∶砂∶石∶水＝1∶1.8∶3.4∶0.55，实测混凝土的立方体抗压强度。受力纵筋采用直径为12mm的HRB335级钢筋，实测其屈服强度。

梁试件截面为150mm×150mm，梁长为1140mm，底部钢筋采用两根直径为12mm的HRB335级钢筋，架力筋和箍筋直径分别为10mm和8mm，箍筋间距取100mm，以防止实验梁受剪破坏。梁试件受力纵筋满足规范锚固，梁试件（BD）共14根，其锚固长度为360mm，由BD_1到BD_{14}梁内钢筋的锈蚀量逐渐增加，主要用来实验探讨钢筋锈蚀率对构件受弯性能的影响。实验梁试件的具体尺寸如图6-5所示。

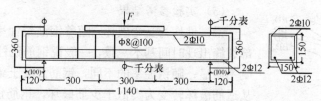

图6-5 梁试件配筋设计、仪表及加载点布置示意图

2）试件梁的加载及仪表布置

试件梁支承于台座上，采用简支支座，一端为固定支座，另一端为滑动支座。通过千斤顶和分配梁施加两点荷载，由荷载传感器读取荷载读数。在实验开始前对压力传感器进行标定。实验采用液压加载装置进行加载，按900mm跨长，300mm剪跨进行三分点加载，用简支分配梁将千斤顶的压力对称地分配给实验梁。仪表及加载点布置如图6-5所示。在实验梁跨中和支座处布置百分表，以测其挠度。

3）试件梁钢筋快速锈蚀

实验采用电化学方法进行梁内钢筋的快速锈蚀。具体方法为：将实验梁浸泡在5%的NaCl溶液中若干天后，将连接纵筋的导线与恒定直流电源的阳极相接，而直流电源的阴极则与溶液中的不锈钢相连接，通过NaCl溶液形成回路，使阳极的钢筋锈蚀。根据法拉第定律通过控制电流大小和通电时间的长短，可以控制梁内钢筋的锈蚀量。为了在纵筋通电防止锈蚀时电流强度损失，与纵筋接触处的箍筋底部均裹以绝缘胶布并涂上环氧树脂。

根据法拉第定律，钢筋锈蚀率η_s按式（6-4）计算。

$$\eta_s = \frac{2A \cdot i \cdot t}{ZF \cdot r \cdot \rho} \tag{6-4}$$

式中 η_s——质量锈蚀率；

A——铁的分子质量（56g）；

i——锈蚀电流密度（A/cm²）；

t——通电时间（s）；

Z——阳极化合价，为2（铁）；

F——法拉第常数（96，500A.s）；

ρ——铁的密度（g/cm³）。

锈蚀率也可以实测，抗弯性能实验后将梁试件剖开，取出锈蚀钢筋，截为400mm长小段，酸洗除锈，称重并计算质量锈蚀率。

4）变形观测

在两支座梁顶面处安放两个百分表，测量加载过程中的支座沉降；在跨中安放5个百分表以测量跨中竖向位移。在百分表触点和测量点之间预先固定玻璃片，以使百分表顺利工作。用跨中竖向位移减去两支座沉降的平均值，可得构件的跨中挠度值。

5) 裂缝观测

梁侧面刷白，并弹出横纵网格，沿梁试件纵向画出坐标值，方便记录裂缝位置。开始加载后，借助丙酮和放大镜查找裂缝，发现新裂缝后，用记号笔在实验梁侧面新裂缝上描画出新裂缝的起始位置和延伸高度。裂缝按出现的先后顺序编号，记录裂缝的网格坐标值以确定裂缝的位置，记录裂缝荷载值以及该荷载值的裂缝宽度。

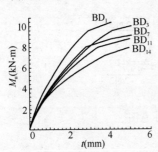

图 6-6 梁试件实验的荷载
挠度示意曲线

(5) 实验参考结果

梁试件均为受弯破坏，随着钢筋锈蚀率的增加，试件底部裂缝出现时间基本一致，一般说钢筋锈蚀率开裂荷载的影响不明显；随锈蚀率的不同，钢筋混凝土梁的受弯破坏形态从适筋破坏转变为类似于少筋破坏，钢筋锈蚀率较小时，试件底部分布的若干裂缝，随荷载增加，各裂缝均有发展，到破坏时各裂缝均较明显；而钢筋锈蚀率较大时，试件裂缝往往仅在某一处发展，以致最终构件破坏。

图 6-6 给出了较典型的锈蚀梁试件的荷载挠度曲线，由曲线看，随纵筋锈蚀率的增加，锈蚀钢筋混凝土梁试件的强度和刚度都在下降。

6.2.4 扩展实验 A-3 碳纤维布加固锈蚀钢筋混凝土梁受弯性能实验

(1) 实验目的

利用外加电流加速锈蚀法获得锈蚀钢筋混凝土梁，粘贴碳纤维布加固后进行受弯实验，为了通过实验探讨钢筋锈蚀引起的结构性能退化情况以及碳纤维布加固对梁构件受弯性能的改善情况，探讨碳纤维布加固的有效性和影响因素。

(2) 实验内容

受环境中氯离子侵蚀或炭化作用，钢筋混凝土结构中钢筋易发生锈蚀，造成钢筋有效受力截面减小和力学性能退化、混凝土保护层锈胀开裂甚至剥落、钢筋与混凝土间黏结性能退化。钢筋混凝土梁中钢筋锈蚀不仅会引起梁承载力降低，梁的刚度和使用性能也会受到很大影响。

对于性能退化严重的锈蚀钢筋混凝土梁，需进行修复与加固处理。碳纤维复合材料已被证明在结构加固领域有着巨大的潜力，本实验通过外加电流加速锈蚀法获得锈蚀梁，粘贴碳纤维布加固后进行受弯实验，通过实验研究碳纤维布加固对锈蚀梁受力性能的改善。实验包括主要内容：钢筋混凝土梁加速锈蚀、锈蚀梁碳纤维布粘贴加固、加固锈蚀梁试件受弯性能测试。

(3) 实验设备与仪表

加载设备一套；百分表及磁性表座若干，应变计、位移计及导线若干；100kN 压荷载传感器一套；恒定直流电源若干组；数据采集系统一套；打磨机一台，裂缝观察镜和裂缝宽度量测卡或裂缝观测仪或裂缝塞尺一套。

(4) 试件、实验方法

1) 梁试件的设计

共设计 12 根钢筋混凝土实验梁，截面尺寸为 150mm×200mm，梁长 2200mm，混凝土保护层 25mm，具体配筋及尺寸见图 6-7（单位：mm）。

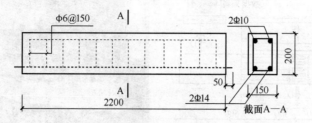

图 6-7　梁试件配筋及尺寸

试件分四组：A 组为未加固对比试件，B 组为碳纤维布加固相应试件，C 组为变化纵向碳纤维布加固量组，D 组为变化 U 形箍约束区域组。各试件的实际截面尺寸（$b \times h$）、实测保护层厚度（c）、混凝土棱柱体抗压强度（f_c）、纵向碳纤维布宽度（b_f）等参数见表 6-3。

实验梁试件实际截面尺寸及相关基本参数　　　　表 6-3

试件编号	$b \times h$（mm²）	c	f_c	η_s	b_f	U 形箍约束区
A_1	149×204	25	22.9	0	—	—
A_2	149×203	27	22.9	0.054	—	—
A_3	150×201	29	22.9	0.132	—	—
A_4	150×203	29	23.3	0.235	—	—
B_1	149×205	26	22.9	0	100	剪弯段
B_2	150×200	28	22.9	0.087	100	剪弯段
B_3	150×202	28	22.9	0.156	100	剪弯段
B_4	150×203	26	23.3	0.257	100	剪弯段
C_1	150×203	26	23.3	0.140	100	剪弯段
C_2	150×207	30	23.3	0.094	100	剪弯段
D_1	150×206	30	25.6	0.065	100	无
D_2	150×205	29	25.6	0.096	100	全跨

受拉纵筋采用直径 14mm 的变形钢筋，锈蚀前实测屈服强度 380MPa，极限强度 580MPa，弹性模量 210GPa。碳纤维布采用宜昌碳纤维布公司生产的 CFC2-2 型碳纤维布（300g/0.167mm）和配套环氧树脂胶。通过材性实验测定其抗拉强度、弹性模量和极限延伸率分别为 4193.4MPa、261.8GPa 和 0.01708。

2）试件梁的加载及仪表布置

试件梁支承于台座上，采用简支支座，一端为固定支座，另一端为滑动支座。通过千斤顶和分配梁施加两点荷载，由荷载传感器读取荷载读数。在实验开始前对压力传感器进行标定。实验采用液压加载装置进行加载，用简支分配梁将千斤顶的压力对称地分配给实验梁。应变、挠度、位移由数据采集系统采集。仪表及加载点布置如图 6-8 所示。

3）试件梁钢筋快速锈蚀

实验采用电化学方法进行梁内钢筋的快速锈蚀，加速锈蚀采用恒电流法，仅锈蚀受拉

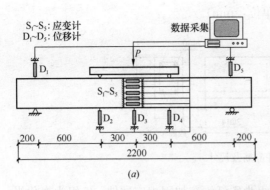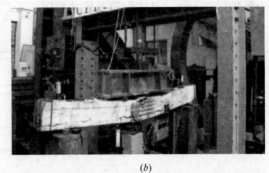

(a) (b)

图 6-8　梁试件受弯性能实验示意图

(a) 仪表及加载点布置示意图；(b) 锈蚀梁试件受弯实验图

纵筋。具体方法为：实验梁在 28d 龄期后，底面朝上置于玻璃缸内，其中注入 5% 的 NaCl 溶液，液面低于待锈蚀钢筋约 50mm。钢筋连接直流电源阳极，使用浸入溶液的铜片充当阴极，进行加速锈蚀，锈蚀电流密度定为 0.2mA/cm^2。

根据法拉第定律，所需要的通电时间按下式计算：

$$t = \frac{ZF \cdot r \cdot \rho\eta_s}{2A \cdot i} \tag{6-5}$$

式中　t——通电时间（s）；

　　　Z——阳极化合价，为 2（铁）；

　　　F——法拉第常数（96，500A. s）；

　　　ρ——铁的密度（g/cm^3）；

　　　η_s——质量锈蚀率；

　　　A——铁的分子质量（56g）；

　　　i——锈蚀电流密度（A/cm^2）。

抗弯性能实验后将梁试件剖开，取出锈蚀钢筋，截为 400mm 长小段，酸洗除锈，称重并计算质量锈蚀率。各实验梁平均锈蚀率 η_s 列于表 6-3。

4）锈蚀钢筋梁试件碳纤维加固

实验梁加速锈蚀完成后粘贴碳纤维布进行加固。加固的具体步骤如下：①在试件上要粘贴碳纤维的部位采用砂轮打磨清理混凝土表面，要求表面平整并有一定的粗糙度；②冲刷试件表面的浮尘；③待试件完全干燥后涂底胶、粘结碳纤维、涂面胶。待环氧树脂基本完全固化后再进行实验。

加固分为两部分：第一部分为梁底纵向粘贴碳纤维布，用于补偿受拉钢筋锈损面积；第二部分为间隔 100mm 粘贴宽度 100mm 的 U 形箍，用于提高加固体系整体性，防止碳纤维布及混凝土保护层剥离。实验梁 U 形箍约束区域详见表 6-3，典型碳纤维布加固形式参见图 6-9（单位：mm）。

5）加固梁试件受弯性能测试

受弯性能实验装置示意如图 6-8 (a) 所示，实验现场参见图 6-8 (b)。梁简支，三分点加载，位移计（D1～D5）监测跨中和加载点挠度变化以及支座沉降。应变计（S1～S5）测量梁截面不同高度的应变。钢筋屈服前采用分级加荷载方式加载，每级荷载 3kN；钢

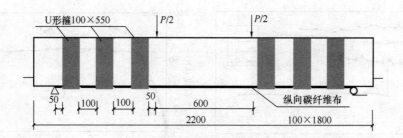

图 6-9 典型碳纤维布加固示意图

筋屈服后采用连续加位移方式加载。实验中所有数据由电脑同步采集。

（5）实验参考结果

受拉主筋锈蚀导致梁的承载力与刚度均有明显退化，锈蚀严重时梁可能因钢筋拉断而破坏。锈蚀梁粘贴碳纤维布加固后，纵向碳纤维布补偿主筋面积锈损，U 形箍横向约束则保证加固体系结构整体性并防止过早剥离，梁的极限承载力显著提高，刚度与变形性能亦有改善。极限承载力提高幅度随纵向碳纤维布加固量增大而增大，但加固梁破坏模式由碳纤维布拉断转变为混凝土压碎后，加固量进一步增大对承载力提高效果大幅削弱，且加固梁的变形能力逐渐变差。实验部分结果参考表 6-4。

实验梁试件的受弯破坏特征参数 表 6-4

试件编号	屈服荷载 P_y（kN）	极限荷载 P_u（kN）	碳纤维布有效拉应变 ε_{cfu}	破坏特征
A_1	66.3	70.9	—	混凝土压碎
A_2	57.5	65.6	—	混凝土压碎
A_3	46.9	51.9	—	混凝土压碎
A_4	35.1	46.2	—	钢筋拉断
B_1	78.8	94.8	0.01103	混凝土压碎
B_2	61.2	82.4	0.01105	混凝土压碎
B_3	59.5	82.6	0.01403	混凝土压碎
B_4	55.3	68.2	0.01105	钢筋拉断，U 形箍剥离
C_1	55.2	73.2	0.01179	钢筋拉断，碳布拉断
C_2	68.7	97.8	0.01048	混凝土压碎
D_1	59.7	79.9	0.01017	碳布与保护层整体剥离
D_2	69.1	92.8	0.01124	混凝土压碎，碳布拉断

由图 6-10 给出了锈蚀梁试件的荷载挠度曲线，随纵筋锈蚀率的增加，锈蚀钢筋混凝土梁试件的强度和刚度显著退化，碳纤维加固后锈蚀钢筋混凝土梁试件的强度和刚度显著改善。

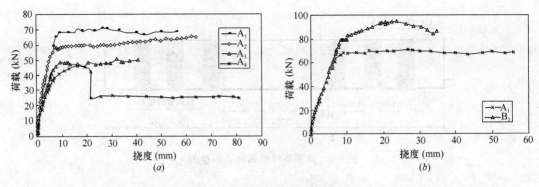

图 6-10　梁试件荷载-跨中挠度曲线
(*a*) A 组梁试件；(*b*) 试件 A_1 与试件 B_1

6.3　钢筋混凝土梁受剪性能自主综合实验

6.3.1　实验 B　钢纤维高强钢筋混凝土梁受剪性能实验

（1）实验目的

高强钢筋混凝土梁易受剪破坏，脆性大、延性差，掺入钢纤维能够有效改善混凝土脆性，提高钢筋混凝土梁抗剪强度与变形能力，并抑制裂缝开展。开展受剪性能实验，为了研究探讨钢纤维掺入量、混凝土强度等级对钢纤维高强钢筋混凝土梁的受剪开裂荷载、受剪承载力以及最大斜裂缝宽度的影响规律。

（2）实验内容

实验设计制作 6 根钢纤维高强钢筋混凝土梁试件及 2 根无掺入纤维参照梁试件，通过 8 根梁试件斜截面受剪实验，实验对比，分析试件受剪斜裂缝发展形态、破坏特征、纵筋应变及剪压区混凝土应变等进行分析，探讨钢纤维掺量、混凝土强度等级等参数对钢纤维高强钢筋混凝土梁受剪开裂荷载、受剪承载力和最大斜裂缝宽度的影响。

（3）实验设备与仪表

实验梁受剪加载设备有：微机控制电液伺服压力长柱实验机（YAW-5000F），实验数据采集设备一套；静态应变仪一套（记录钢筋应变、混凝土应变和跨中挠度），裂缝测宽仪。应变计、位移计、电阻应变片及导线若干。

（4）试件、实验方法与步骤

1）梁试件的设计

梁试件材料：海螺 P.O.42.5 普通硅酸盐水泥、Ⅰ级粉煤灰、可饮用自来水、细度模数为 2.66 的河砂、粗骨料为 5～25 连续级配的碎石，筛选无针片状石子，采用自来水反复清洗去除泥块等杂质，采用江苏省建筑科学研究院提供的 JMPCA 聚羧酸系高效减水剂，按水泥用量的 0.8%～1.0% 取量。钢纤维选取端部带钩剪切异型钢纤维，粗骨料粒径与钢纤维长度之比按照《纤维混凝土结构技术规程》采用。钢筋采用 HRB500(LH)钢筋(表面形状为月牙肋)以及 M35K 光圆钢筋。

实验用钢纤维高强钢筋混凝土梁为矩形截面梁，梁设计尺寸宽×高×长（$b×h×l$）为 150mm×300mm×3000mm，有效高度 h_0 为 250mm。钢纤维混凝土设计强度为 C50、

C80；钢纤维为长径比 48.5 的剪切异型纤维（抗拉强度≥600MPa）；混凝土中掺入钢纤维体积率 ρ_f 分别为 0%、0.8%、1.5%、2%。纵向拉筋配置 4 根双排布置、直径 20mm 的 HRB500(LH) 钢筋，纵筋率为 3.4%；架立筋配置 2 根直径 10mm 的 M35K 光圆钢筋；箍筋配置间距 200mm、直径 8mm 的 M35K 光圆钢筋，配箍率为 0.33%。梁尺寸及配筋图见图 6-11 所示，对所用同一批次钢筋强度和延性指标进行测试，其各项性能参数见表 6-5，混凝土性能参数见表 6-6，试件主要配筋参数见表 6-7。

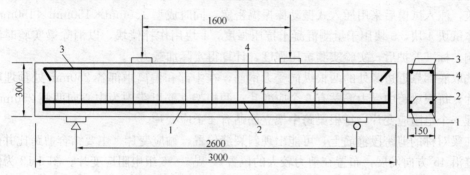

图 6-11　梁试件尺寸及配筋
1、2—受拉纵筋；3—受压纵筋；4—箍筋

实验梁试件钢筋材性指标　　　　　　　　　　　表 6-5

钢筋类别	直径 (mm)	屈服强度 (MPa)	极限强度 (MPa)	伸长率 (%)	最大延伸率 A_{gt} (%)
HRB500 (LH)	20	566.7	731.7	24.2	13
M35K	8	358.3	608.0	31.7	60
M35K	10	336.7	593.3	32.2	56.7

实验梁试件混凝土材性指标　　　　　　　　　　　表 6-6

试件编号	F_1	F_2	F_3	F_4	F_5	F_6	C_1	C_2
f_{cu} (MPa)	110	116.2	122.4	64	65.9	71.3	90.1	72.9
f_t (MPa)	5.2	5.4	5.6	3.9	4.0	4.1	4.7	4.2

注：f_{cu} 为钢纤维混凝土立方体抗压强度，f_t 为钢纤维混凝土轴心抗拉强度。

实验梁试件截面尺寸及相关基本参数　　　　　　　　　　　表 6-7

试件编号	$b \times h$ (mm²)	纵筋	箍筋	ρ_f	强度等级
F_1	150×300	4×20	8@200	0.8	C80
F_2	150×300	4×20	8@200	1.5	C80
F_3	150×300	4×20	8@200	2.0	C80
F_4	150×300	4×20	8@200	0.8	C50
F_5	150×300	4×20	8@200	1.5	C50
F_6	150×300	4×20	8@200	2.0	C50
C_1	150×300	4×20	8@200	0	C50
C_2	150×300	4×20	8@200	0	C80

注：C 表示普通混凝土（common concrete）；F 表示纤维（fiber）。

2）梁试件制作、钢筋与混凝土测点布置

浇筑搅拌混凝土时，为使钢纤维在混凝土中均匀分散，将水泥、石子、河砂和钢纤维等干料分层分批投放到混凝土搅拌机料仓中，干拌数十秒，使干料达到初步均匀，再加入需水量的一半进行一次湿拌，待湿料搅拌均匀后再加入另一半水进行二次搅拌，二次搅拌时间不少于 2min。钢纤维混凝土配制在未掺钢纤维的混凝土配方基础上提高砂率，增加钢纤维混凝土的流动性及水泥砂浆对钢纤维的包裹性，以保证混凝土浇筑质量。每根梁单次浇筑，注入试模后采用插入式振动棒振捣密实，同时成型 150mm×150mm×150mm 的立方体试块 4 块，3 块用于量测混凝土抗压强度，1 块用作补偿块，以消除梁实验时温度的影响。标准养护后，实验实测抗压强度，计算得实际加载力。

选取底部靠近边缘处的两根纵向受力钢筋，在中部和偏离中部各 250mm 处预埋电阻应变片，每根梁跨中受力筋贴有 6 个应变片；两根架立筋以跨中为中心向两侧 250mm 处各预埋一个电阻应变片，每根梁跨中架立筋贴有 4 个应变片。

在梁对称的剪跨段箍筋上，可能出现斜裂缝位置，贴应变片（主要结合剪跨比并依据斜裂缝沿 45°方向发展，布置在剪力较大的位置），贴 3～6 组电阻应变片。图 6-12 为钢筋及箍筋应变片测点位置示意，应变值均由数据采集仪 TDS-530 自动采集。

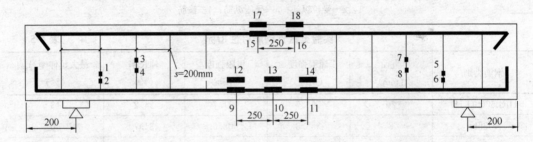

图 6-12 钢筋应变片位置示意图

1～8—箍筋应变片；9～14—跨中纵向受拉钢筋应变片位置；15～18—跨中纵向受压钢筋应变片位置

钢筋骨架绑扎完毕，根据应变测点布置，对贴片位置进行打磨除锈等表面处理后，贴上型号为 BX120-5AA，电阻值 120.0±0.1Ω，长×宽为 5mm×3mm，灵敏度系数 2.08 的电阻应变片，将应变片用导线引出，并用环氧树脂和纱布做好防水处理，如图 6-13 所示。

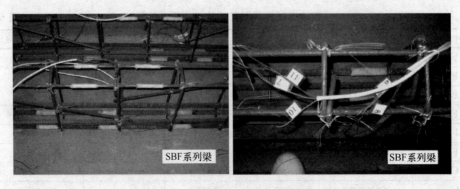

图 6-13 钢筋应变片实际粘贴图

选取混凝土应变片型号为 BX120-100AA,其电阻值为 120.0±0.1Ω,长×宽为 100mm×3mm,灵敏度系数为 2.08。混凝土应变测点布置如图 6-14 所示。

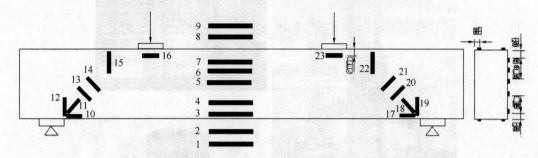

图 6-14   混凝土应变片粘贴位置示意图

A. 纯弯区段,跨中截面梁侧面沿截面高度布置 5 个平行于纵轴的应变测点,测量跨中截面应变以验证构件受剪时是否符合平截面假定;

B. 梁剪跨段,箍筋对应处的混凝土表面贴混凝土应变片,以测试与斜裂缝相交的箍筋平均应变;

C. 剪跨区内最可能先出现第一条斜裂缝的地方贴 2 个垂直于裂缝方向的应变片以检测混凝土的开裂(斜裂缝开裂与纵轴大概呈 45°);剪跨区各贴一组 45°平面三向应变花用以量测剪跨区混凝土应变;

D. 两个对称集中荷载作用点向下 1cm 的梁侧面位置各贴一个电阻应变片,以量测剪压区混凝土压应变;

E. 梁跨中底面和顶面,钢筋对应位置分别贴 2 个应变片以测量混凝土拉应变及压应变。

位移测点布置,位移的测量采用型号为 YHD-100 以及 ZS1100-DT40 的位移传感器。在梁跨中及两个对称加载点各布置一位移计(如图 6-15 中 $f_1 \sim f_3$),以量测梁受荷整体变形。本实验加载设备为反向力加载,分配梁经刚度验算满足变形要求,因此不考虑支座处变形对挠度的影响。

3)梁试件的加载及仪表布置

试件仪表及加载点布置如图 6-15 所示。实验加载设备与数据采集设备如图 6-16 所示。实验梁采用两点对称集中加载,根据实验机从下向上加载的特点,所取荷载值需去掉

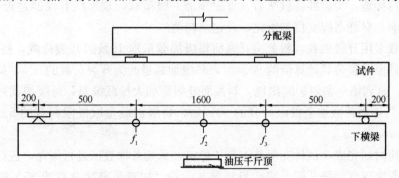

图 6-15   仪表及加载点布置图

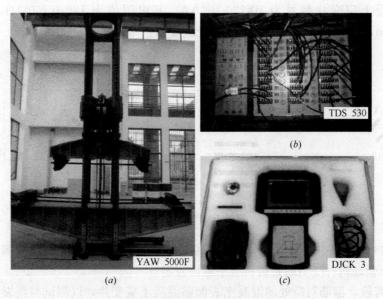

图 6-16　实验加载与数据采集设备
(a) 实验机；(b) 静态应变仪；(c) 裂缝测宽仪

梁自重。加载点与支座处均放置钢垫块以防止局压破坏，实测垫块尺寸为 $b_1 \times l_1 \times h_1 =$ 150mm×300mm×30mm。应变、挠度、位移由数据采集系统采集。

4）梁试件裂缝观测

梁两侧面刷白，干后用墨斗弹上正交网格，以便裂缝的描绘与定位。实验借助丙酮和放大镜用肉眼查找裂缝，发现裂缝后在裂缝出现部位的一侧作出标记，并按裂缝出现的先后顺序编号，在每级荷载下出现的裂缝尾端注出裂缝编号及荷载数量。

裂缝宽度用型号为 DJCK-3 的裂缝测宽仪观测。裂缝宽度主要记录位置为受拉纵筋合力点处、1/2 梁高位置处、与箍筋相交处，测定裂缝宽度的裂缝数目视具体情况而定，但不少于 3 条，包括第一条裂缝和开裂最大的裂缝，取每级荷载下各裂缝宽度最大值为最大斜裂缝宽度值。

5）实验加载步骤

吊装实验梁，调整完毕后对箍筋、纵筋及混凝土应变片进行接线及温度补偿，对仪器、电源进行接地。实验准备就绪后，首先预加一级荷载，观察所有仪器是否工作正常，正式实验之前，对静态应变仪初始化，并记录初值。

正式加载采用分级加载，斜截面开裂前每级加载量取 10% 的开裂荷载，持荷 10min，加载到达斜截面开裂荷载计算值的 90% 时，每级加载量改为开裂荷载的 5%，持荷时间延长至 15min，直到第一条斜裂缝出现。斜截面开裂后加大加载级差，每级加载量增加到破坏荷载的 15%，当荷载加至极限荷载的 90% 后，每级加载量取极限荷载的 5%，持荷时间延长至 15min。

每级持荷时间完成，试件变形基本趋于稳定，采集各项数据进行保存，进行下一级加荷，持荷过程中观察裂缝开展及梁变形情况并记录。加载至破坏荷载的 85% 时，对可能损坏的仪表做好防护措施，加载至试件发生破坏。

6.3.2　扩展实验 B-1　碳纤维布加固二次受力钢筋混凝土梁受剪性能实验

（1）实验目的

为研究碳纤维布加固二次受力钢筋混凝土梁受剪性能的影响因素，实验调查纤维布加固对钢筋混凝土梁受剪性能的改善情况，为了研究探讨碳纤维布的数量、间距、层数以及加固时的应力水平对钢筋混凝土梁的受剪开裂荷载、受剪承载力以及变形的影响规律。

（2）实验内容

在实际工程中，被加固构架无法卸载或部分卸载，在构件加固前已承受荷载作用，二次受力加固指构件已承受荷载作用条件补强，可分为完全卸载加固、部分卸载加固、不卸载加固等多种类型。实验制作 10 根考虑二次受力的碳纤维布加固钢筋混凝土梁进行受剪性能的实验，实验中考察了碳纤维布的数量、间距、层数以及加固时的应力水平对加固效果的影响。调查碳纤维布加固钢筋混凝土梁的加固效果，碳纤维布不同间距、粘贴层数、粘贴角度及预加载的大小等因素对加固梁加固效果的影响。

（3）实验设备与仪表

受剪加载设备一套；百分表及磁性表座若干，应变计、位移计及导线若干；300kN压荷载传感器一套；静态电阻应变仪一套；打磨机一台，裂缝观察镜和裂缝宽度量测卡或裂缝观测仪或裂缝塞尺一套。

（4）试件、实验方法

1）梁试件的设计

实验梁均为矩形截面简支梁，截面尺寸 $b×h$ 均设计为 150mm×250mm，梁截面及配筋见图 6-17 所示，实验梁的混凝土设计强度等级为 C20，其立方体抗压强度为 22.6MPa。

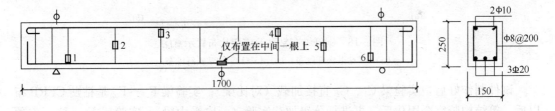

图 6-17　实验梁尺寸及配筋示意

实验制作 10 根钢筋混凝土梁试件进行了受剪性能实验，其中 2 根作为对比参照梁、2 根设计为一次受力加固梁、6 根设计为二次受力加固梁。实验梁具体加固设计情况见表 6-8。

实验梁碳纤维布粘贴方式及相关参数　　　　　　　　　　　表 6-8

试件编号	剪跨比	碳纤维布			
		宽度（mm）	间距（mm）	层数（层）	方向
C_1	2.33	—	—	—	—
C_2	2.33	—	—	—	—
F_{01}	2.33	30	100	1	90°
F_{02}	2.33	30	100	1	45°/135°
F_1	2.33	30	100	1	45°/135°

试件编号	剪跨比	碳纤维布			
		宽度（mm）	间距（mm）	层数（层）	方向
F_2	2.33	30	100	1	90°
F_3	2.33	30	100	1	90°
F_4	2.33	30	100	1	90°
F_5	2.33	30	100	1	90°
F_6	2.33	30	100	2	90°

2）梁试件加固设计及预加载方案

在实验梁剪弯区段内粘贴 U 形碳纤维布条带（45°粘贴采用 L 形碳纤维条带），在 U 形和 L 形条带端部用 50mm 宽的纵向压条锚固，碳纤维布力学性能：抗拉强度 3867MPa、弹性模量 2.35×10^5MPa、设计厚度 0.167mm、单位重量 200g/m^{-2}、延伸率 1.6%，实验梁编号及加固相关参数（角度、层数、间距、预加载等）见表 6-8，梁的加固粘贴方式见图 6-18。

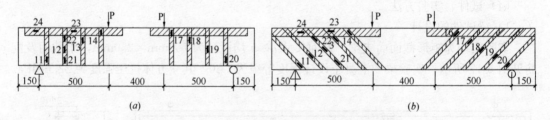

图 6-18　碳纤维布粘贴及应变片布置示意
(a) 90°粘贴碳纤维布；(b) 45°/135°粘贴碳纤维布

试件制作好后，实验梁 C_1、C_2 直接加载（对比梁）；实验梁 $F_{01} \sim F_{02}$ 是粘贴 CFRP 布以后，等结构胶完全固化后，再进行分级加载实验（一次受力梁）；实验梁 $F_1 \sim F_6$，先预加载到制定水平，预加载水平指加固梁的预加荷载与对比梁极限荷载的比值，具体加载程度见表 6-9，指保持住荷载，稳定 24h 后再粘贴 CFRP 布进行加固，等结构胶固化后，再继续加载直到实验梁破坏（二次受力梁）

3）梁试件加载测点及仪表布置

实验采用千斤顶加载，由荷载传感器读取荷载读数，传感器预先标定，经静态电阻应变仪读出荷载的数值。跨中及支座位置的位移、箍筋和受拉纵筋的应变、CFRP 布条带的应变，并观测裂缝的开展情况。钢筋测点布置见图 6-17，各实验梁碳纤维布布条带上应变片布置见图 6-18。

（5）实验参考结果

实验对梁试件分别进行加载至极限破坏，各实验梁的开裂荷载、极限荷载及破坏特征见表 6-9。由表知，碳纤维布加固后，实验梁的开裂荷载、极限荷载均有提高，抗剪承载力提高水平与粘贴方式、粘贴数量和预加载的变化相关。

试件编号	预加载水平（%）	开裂荷载 P_{cr}（kN）	极限荷载 P_u（kN）	提高程度（%）	破坏特征
C_1	—	80	180	—	混凝土剪压破坏
C_2	—	85	185	—	混凝土剪压破坏
F_{01}		90	225	23.3	混凝土剪压破坏、碳纤维布拉断与粘结破坏
F_{02}		95	235	28.8	混凝土剪压破坏、碳纤维布拉断与粘结破坏
F_1	50	92.5	230	26.0	混凝土剪压破坏、碳纤维布拉断与粘结破坏
F_2	50	90	210	15.1	混凝土剪压破坏、碳纤维布拉断与粘结破坏
F_3	60	95	230	26.0	混凝土剪压破坏、碳纤维布拉断与粘结破坏
F_4	60	92.5	205	12.3	混凝土剪压破坏、碳纤维布拉断与粘结破坏
F_5	70	95	220	20.5	混凝土剪压破坏、碳纤维布拉断与粘结破坏
F_6	70	95	260	23.3	混凝土剪压破坏、碳纤维布拉断、正截面弯曲破坏

6.3.3　扩展实验 B-2　再生钢筋混凝土梁受剪性能实验

（1）实验目的

再生混合钢筋混凝土构件，即为新混凝土与废弃混凝土混合浇筑而成的构件。实验研究再生钢筋混凝土梁的受剪性能，为了明确梁构件斜截面受力与变形特性的影响因素，合理利用废弃混凝土，减少固体废弃物排放，有效地保护环境、节约资源和能源。

（2）实验内容

在实际工程建设中，废弃混凝土约占建筑垃圾的 48.35%，实验制作 12 根再生钢筋混凝土梁试件与 2 根常规混凝土梁试件（对比实验试件），实验测试分析剪跨比和配箍率对梁试件斜截面受力与变形特性的影响。

（3）实验设备与仪表

加载设备一套；百分表及磁性表座若干，应变计、位移计及导线若干；500kN 压荷载传感器一套；静态电阻应变仪一套；裂缝观察镜和裂缝宽度量测卡或裂缝观测仪或裂缝塞尺一套。

（4）试件、实验方法

1）梁试件设计与制作

共制作 14 根矩形截面梁试件，其中 7 根为无腹筋梁试件，7 根为有腹筋梁试件。各试件的具体尺寸和基本参数见表 6-10，典型试件的配筋设计见图 6-19。

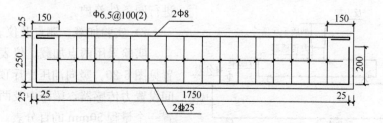

图 6-19　试件 RB-2-100 的配筋示意

试件编号	截面宽度 b (mm)	梁长 (mm)	净跨 (mm)	f_{cu1} (MPa)	剪跨长度 a (mm)	剪跨比 λ
RB-1	149	1800	1500	48.8	263	1.0
RB-1.5	147	1800	1500	48.8	394	1.5
B-2	146	1800	1500	49.0	525	2.0
RB-2	148	1800	1500	49.0	525	2.0
RB-2-150	154	1800	1500	47.0	525	2.0
RB-2-100	149	1800	1500	47.0	525	2.0
RB-2.5	144	2300	2000	53.4	656	2.5
B-3-150	152	2300	2000	47.1	788	3.0
RB-3	147	2300	2000	53.4	788	3.0
RB-3-150	156	2300	2000	47.1	788	3.0
RB-3-100	145	2300	2000	50.4	788	3.0
RB-4	150	2900	2600	51.5	1050	4.0
RB-4-150	147	2900	2600	53.0	1050	4.0
RB-4-100	150	2900	2600	53.0	1050	4.0

梁截面 150mm×300mm，有腹筋梁的上部架立筋和箍筋分别采用直径 8mm 和 6.5mm 的 HPB300 级钢筋，有腹筋梁和无腹筋梁的下部受拉钢筋采用直径 25mm 的 HRB400 级钢筋（受拉配筋率 2.5%），纵筋保护层厚度 25mm。实验实测受拉钢筋和箍筋的屈服强度分别为 414.4MPa 和 346.0MPa。试件有效高度 262.5mm，混合比 η 为试件中废弃混凝土质量与全部混凝土质量之比，RB 试件取值 20%，f_{cu1} 为实验现浇混凝土的实测立方体抗压强度，f_{cu2} 为废弃混凝土的实测立方体抗压强度，实验 f_{cu2} 为 32.9MPa；剪跨比为 λ。试件编号中，RB 表示再生混合钢筋混凝土梁，B 表示常规混凝土梁，第 1 个数字为 λ，第 2 个数字为有腹筋梁的箍筋间距。

梁试件采用矿渣硅酸盐水泥 P.S.R32.5、中砂、最大粒径 20mm 的碎石。废弃混凝土采用本科教学实验多余的钢筋混凝土梁，将去除了保护层、纵筋、箍筋之后的核心部分，制备成块体备用（特征尺寸 50~80mm）。按预定尺寸制作模板，将绑扎好的钢筋置于模板内。首先浇筑一层厚约 30mm 的新混凝土，然后将废弃混凝土块体和新混凝土交替置入模板内并不断振捣，直至浇筑完成。浇筑时预留多个边长 150mm 的立方体试块，进行同条件养护。

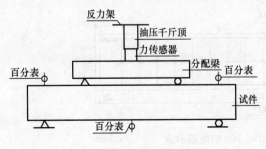

图 6-20 仪表及加载点布置图

2）实验加载、测点及仪表布置

实验采用两点加载，仪表及加载点布置见图 6-20。竖向油压千斤顶与分配梁之间设置力传感器，梁跨中及两支座处各设置一个量程 50mm 的百分表。纵筋应变片在梁跨中以及加载点与支座之间对称布置（共计 7 个），无腹筋梁加载点与支座之间

116

的纵筋应变片等间距布置，但箍筋的存在使得有腹筋梁跨中与支座之间的纵筋应变片无法实现等间距布置，图 6-21 所示为典型试件的纵筋应变片布置。箍筋应变片沿加载点至支座连线方向共设置 3 个，图 6-22 所示为典型试件的箍筋应变片布置。纵筋和箍筋应变片采用电阻式应变片。

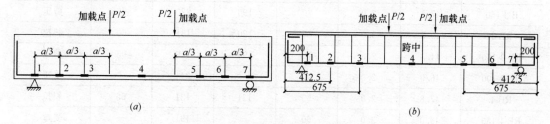

图 6-21　部分试件的纵筋应变片布置

(a) 无腹筋梁；(b) RB-3-150

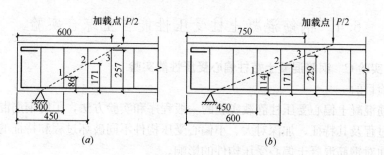

图 6-22　部分试件的箍筋应变片布置

(a) RB-2-150；(b) RB-3-150

正式加载前先预压 10kN，使加载系统各部分之间接触良好并检查各仪表是否工作正常。正式加载时，每级荷载约为预估极限荷载的 10%，持荷 3min 后采集相关数据。接近预估开裂荷载时，适当降低每级荷载增量以期较准确地获取实际开裂荷载。

（5）实验参考结果

实验对梁试件分别进行加载至极限破坏，各试件的开裂荷载、极限荷载及破坏特征见表 6-11。由表知，有腹筋再生混合钢筋混凝土梁试件的开裂荷载、受剪承载力和破坏荷载几乎与有腹筋常规混凝土梁试件相同，剪跨比、配箍率对有腹筋试件影响有限。

实验梁具体尺寸及基本参数　　表 6-11

试件编号	f_{cu2} (MPa)	f_t (MPa)	开裂荷载 P_{cr} (kN)	极限荷载 P_u (kN)	破坏荷载 P_V (kN)	受剪承载力 V (kN)	破坏特征
RB-1	45.6	2.8	150	481	481	241	斜压
RB-1.5	45.6	2.8	130	320	342	160	剪压
B-2	49.0	3.0	120	210	281	105	剪压
RB-2	45.8	2.9	90	180	212	90	剪压
RB-2-150	44.2	2.8	90	270	296	135	剪压
RB-2-100	44.2	2.8	120	350	361	175	剪压

试件编号	f_{cu2} (MPa)	f_t (MPa)	开裂荷载 P_{cr} (kN)	极限荷载 P_u (kN)	破坏荷载 P_V (kN)	受剪承载力 V (kN)	破坏特征
RB-2.5	49.3	3.0	75	150	195	75	剪压
B-3-150	47.1	2.9	70	190	220	95	剪压
RB-3	49.3	3.0	85	120	131	60	斜拉
RB-3-150	44.3	2.8	70	190	219	95	剪压
RB-3-100	46.9	2.9	90	—	241	—	受弯
RB-4	47.8	2.9	55	131	131	65	斜拉
RB-4-150	49.0	3.0	60	—	191	—	受弯
RB-4-100	49.0	3.0	70	—	191	—	受弯

6.4 钢筋混凝土柱受压性能自主综合实验

6.4.1 实验C 钢筋混凝土短柱偏心受压性能实验

（1）实验目的

掌握钢筋混凝土偏心受压柱静载实验的一般程序和实验方法，了解钢筋混凝土偏心受压柱的破坏过程及其特征，加深对大、小偏心受压构件不同破坏过程和特征的理解。实验理解纵向弯曲对钢筋混凝土偏心受压构件的影响。

（2）实验内容

观测记录实验过程中柱端部和中部的侧向位移或挠度、受力主筋的应变和混凝土受压边缘的压应变、柱中部受压区混凝土应变。记录、观察梁的开裂荷载和开裂后各级荷载下裂缝的发展情况（包括裂缝分布和最大裂缝宽度 w_{max}），记录试件柱破坏时裂缝分布情况。观察实验柱的破坏形态，记录柱的破坏荷载和混凝土极限压应变。

（3）实验设备与仪表

长柱压力实验机、荷载传感器；测挠度用百分表支架和百分表、手持式引伸仪（标距10cm）；测应变用电阻应变仪及平衡预调箱；裂缝观察镜和裂缝宽度量测卡或裂缝观测仪或裂缝塞尺，用于裂缝宽度测量。

（4）试件、实验方法

1）梁试件设计与制作

试件设计参考图6-23，受压主筋①号筋采用 $\phi 10$ 的 HPB300 级钢筋，实验前预留三根长500mm 的①号钢筋，用作测试其应力应变关系。混凝土按 C20 配合比制作，在浇筑混凝土时，同时浇筑三个 150mm×150mm×150mm 的立方体试块，用作测定混凝土的强度等级。

进行混凝土和钢筋力学性能实验，测定材

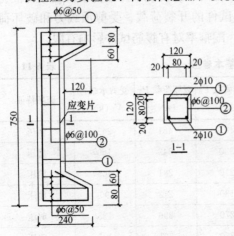

图 6-23 短柱配筋设计参考图

选取混凝土应变片型号为 BX120-100AA，其电阻值为 $120.0\pm0.1\Omega$，长×宽为 100mm×3mm，灵敏度系数为 2.08。混凝土应变测点布置如图 6-14 所示。

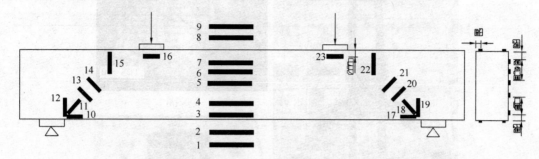

图 6-14　混凝土应变片粘贴位置示意图

A. 纯弯区段，跨中截面梁侧面沿截面高度布置 5 个平行于纵轴的应变测点，测量跨中截面应变以验证构件受剪时是否符合平截面假定；

B. 梁剪跨段，箍筋对应处的混凝土表面贴混凝土应变片，以测试与斜裂缝相交的箍筋平均应变；

C. 剪跨区内最可能先出现第一条斜裂缝的地方贴 2 个垂直于裂缝方向的应变片以检测混凝土的开裂（斜裂缝开裂与纵轴大概呈 45°）；剪跨区各贴一组 45°平面三向应变花用以量测剪跨区混凝土应变；

D. 两个对称集中荷载作用点向下 1cm 的梁侧面位置各贴一个电阻应变片，以量测剪压区混凝土压应变；

E. 梁跨中底面和顶面，钢筋对应位置分别贴 2 个应变片以测量混凝土拉应变及压应变。

位移测点布置，位移的测量采用型号为 YHD-100 以及 ZS1100-DT40 的位移传感器。在梁跨中及两个对称加载点各布置一位移计（如图 6-15 中 $f_1 \sim f_3$），以量测梁受荷整体变形。本实验加载设备为反向力加载，分配梁经刚度验算满足变形要求，因此不考虑支座处变形对挠度的影响。

3）梁试件的加载及仪表布置

试件仪表及加载点布置如图 6-15 所示。实验加载设备与数据采集设备如图 6-16 所示。实验梁采用两点对称集中加载，根据实验机从下向上加载的特点，所取荷载值需去掉

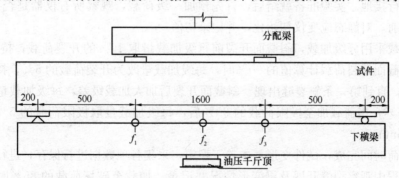

图 6-15　仪表及加载点布置图

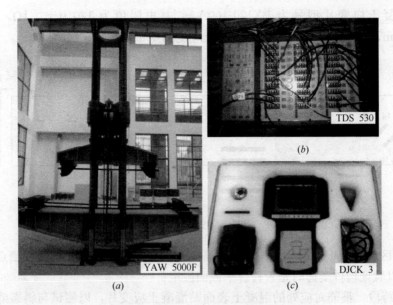

图 6-16 实验加载与数据采集设备

(*a*) 实验机；(*b*) 静态应变仪；(*c*) 裂缝测宽仪

梁自重。加载点与支座处均放置钢垫块以防止局压破坏，实测垫块尺寸为 $b_1 \times l_1 \times h_1 =$ 150mm×300mm×30mm。应变、挠度、位移由数据采集系统采集。

4）梁试件裂缝观测

梁两侧面刷白，干后用墨斗弹上正交网格，以便裂缝的描绘与定位。实验借助丙酮和放大镜用肉眼查找裂缝，发现裂缝后在裂缝出现部位的一侧作出标记，并按裂缝出现的先后顺序编号，在每级荷载下出现的裂缝尾端注出裂缝编号及荷载数量。

裂缝宽度用型号为 DJCK-3 的裂缝测宽仪观测。裂缝宽度主要记录位置为受拉纵筋合力点处、1/2 梁高位置处、与箍筋相交处，测定裂缝宽度的裂缝数目视具体情况而定，但不少于 3 条，包括第一条裂缝和开裂最大的裂缝，取每级荷载下各裂缝宽度最大值为最大斜裂缝宽度值。

5）实验加载步骤

吊装实验梁，调整完毕后对箍筋、纵筋及混凝土应变片进行接线及温度补偿，对仪器、电源进行接地。实验准备就绪后，首先预加一级荷载，观察所有仪器是否工作正常，正式实验之前，对静态应变仪初始化，并记录初值。

正式加载采用分级加载，斜截面开裂前每级加载量取 10% 的开裂荷载，持荷 10min，加载到达斜截面开裂荷载计算值的 90% 时，每级加载量改为开裂荷载的 5%，持荷时间延长至 15min，直到第一条斜裂缝出现。斜截面开裂后加大加载级差，每级加载量增加到破坏荷载的 15%，当荷载加至极限荷载的 90% 后，每级加载量取极限荷载的 5%，持荷时间延长至 15min。

每级持荷时间完成，试件变形基本趋于稳定，采集各项数据进行保存，进行下一级加荷，持荷过程中观察裂缝开展及梁变形情况并记录。加载至破坏荷载的 85% 时，对可能损坏的仪表做好防护措施，加载至试件发生破坏。

6.3.2 扩展实验 B-1 碳纤维布加固二次受力钢筋混凝土梁受剪性能实验

（1）实验目的

为研究碳纤维布加固二次受力钢筋混凝土梁受剪性能的影响因素，实验调查纤维布加固对钢筋混凝土梁受剪性能的改善情况，为了研究探讨碳纤维布的数量、间距、层数以及加固时的应力水平对钢筋混凝土梁的受剪开裂荷载、受剪承载力以及变形的影响规律。

（2）实验内容

在实际工程中，被加固构架无法卸载或部分卸载，在构件加固前已承受荷载作用，二次受力加固指构件已承受荷载作用条件补强，可分为完全卸载加固、部分卸载加固、不卸载加固等多种类型。实验制作 10 根考虑二次受力的碳纤维布加固钢筋混凝土梁进行受剪性能的实验，实验中考察了碳纤维布的数量、间距、层数以及加固时的应力水平对加固效果的影响。调查碳纤维布加固钢筋混凝土梁的加固效果，碳纤维布不同间距、粘贴层数、粘贴角度及预加载的大小等因素对加固梁加固效果的影响。

（3）实验设备与仪表

受剪加载设备一套；百分表及磁性表座若干，应变计、位移计及导线若干；300kN 压荷载传感器一套；静态电阻应变仪一套；打磨机一台，裂缝观察镜和裂缝宽度量测卡或裂缝观测仪或裂缝塞尺一套。

（4）试件、实验方法

1）梁试件的设计

实验梁均为矩形截面简支梁，截面尺寸 $b \times h$ 均设计为 150mm×250mm，梁截面及配筋见图 6-17 所示，实验梁的混凝土设计强度等级为 C20，其立方体抗压强度为 22.6MPa。

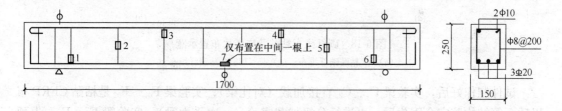

图 6-17　实验梁尺寸及配筋示意

实验制作 10 根钢筋混凝土梁试件进行了受剪性能实验，其中 2 根作为对比参照梁、2 根设计为一次受力加固梁、6 根设计为二次受力加固梁。实验梁具体加固设计情况见表 6-8。

实验梁碳纤维布粘贴方式及相关参数　　表 6-8

试件编号	剪跨比	碳纤维布			
		宽度（mm）	间距（mm）	层数（层）	方向
C_1	2.33	—	—	—	—
C_2	2.33	—	—	—	—
F_{01}	2.33	30	100	1	90°
F_{02}	2.33	30	100	1	45°/135°
F_1	2.33	30	100	1	45°/135°

试件编号	剪跨比	碳纤维布			
		宽度（mm）	间距（mm）	层数（层）	方向
F_2	2.33	30	100	1	90°
F_3	2.33	30	100	1	90°
F_4	2.33	30	100	1	90°
F_5	2.33	30	100	1	90°
F_6	2.33	30	100	2	90°

2）梁试件加固设计及预加载方案

在实验梁剪弯区段内粘贴 U 形碳纤维布条带（45°粘贴采用 L 形碳纤维条带），在 U 形和 L 形条带端部用 50mm 宽的纵向压条锚固，碳纤维布力学性能：抗拉强度 3867MPa、弹性模量 2.35×10^5MPa、设计厚度 0.167mm、单位重量 200g/m^{-2}、延伸率 1.6%，实验梁编号及加固相关参数（角度、层数、间距、预加载等）见表 6-8，梁的加固粘贴方式见图 6-18。

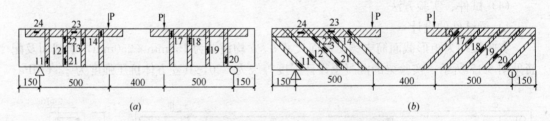

图 6-18 碳纤维布粘贴及应变片布置示意
(a) 90°粘贴碳纤维布；(b) 45°/135°粘贴碳纤维布

试件制作好后，实验梁 C_1、C_2 直接加载（对比梁）；实验梁 $F_{01}\sim F_{02}$ 是粘贴 CFRP 布以后，等结构胶完全固化后，再进行分级加载实验（一次受力梁）；实验梁 $F_1\sim F_6$，先预加载到制定水平，预加载水平指加固梁的预加荷载与对比梁极限荷载的比值，具体加载程度见表 6-9，指保持住荷载，稳定 24h 后再粘贴 CFRP 布进行加固，等结构胶固化后，再继续加载直到实验梁破坏（二次受力梁）

3）梁试件加载测点及仪表布置

实验采用千斤顶加载，由荷载传感器读取荷载读数，传感器预先标定，经静态电阻应变仪读出荷载的数值。跨中及支座位置的位移、箍筋和受拉纵筋的应变、CFRP 布条带的应变，并观测裂缝的开展情况。钢筋测点布置见图 6-17，各实验梁碳纤维布布条带上应变片布置见图 6-18。

（5）实验参考结果

实验对梁试件分别进行加载至极限破坏，各实验梁的开裂荷载、极限荷载及破坏特征见表 6-9。由表知，碳纤维布加固后，实验梁的开裂荷载、极限荷载均有提高，抗剪承载力提高水平与粘贴方式、粘贴数量和预加载的变化相关。

试件编号	预加载水平（%）	开裂荷载 P_{cr} (kN)	极限荷载 P_u (kN)	提高程度（%）	破坏特征
C_1	—	80	180	—	混凝土剪压破坏
C_2	—	85	185	—	混凝土剪压破坏
F_{01}	—	90	225	23.3	混凝土剪压破坏、碳纤维布拉断与粘结破坏
F_{02}	—	95	235	28.8	混凝土剪压破坏、碳纤维布拉断与粘结破坏
F_1	50	92.5	230	26.0	混凝土剪压破坏、碳纤维布拉断与粘结破坏
F_2	50	90	210	15.1	混凝土剪压破坏、碳纤维布拉断与粘结破坏
F_3	60	95	230	26.0	混凝土剪压破坏、碳纤维布拉断与粘结破坏
F_4	60	92.5	205	12.3	混凝土剪压破坏、碳纤维布拉断与粘结破坏
F_5	70	95	220	20.5	混凝土剪压破坏、碳纤维布拉断与粘结破坏
F_6	70	95	260	23.3	混凝土剪压破坏、碳纤维布拉断、正截面弯曲破坏

6.3.3 扩展实验 B-2 再生钢筋混凝土梁受剪性能实验

（1）实验目的

再生混合钢筋混凝土构件，即为新混凝土与废弃混凝土混合浇筑而成的构件。实验研究再生钢筋混凝土梁的受剪性能，为了明确梁构件斜截面受力与变形特性的影响因素，合理利用废弃混凝土，减少固体废弃物排放，有效地保护环境、节约资源和能源。

（2）实验内容

在实际工程建设中，废弃混凝土约占建筑垃圾的 48.35%，实验制作 12 根再生钢筋混凝土梁试件与 2 根常规混凝土梁试件（对比实验试件），实验测试分析剪跨比和配箍率对梁试件斜截面受力与变形特性的影响。

（3）实验设备与仪表

加载设备一套；百分表及磁性表座若干，应变计、位移计及导线若干；500kN 压荷载传感器一套；静态电阻应变仪一套；裂缝观察镜和裂缝宽度量测卡或裂缝观测仪或裂缝塞尺一套。

（4）试件、实验方法

1）梁试件设计与制作

共制作 14 根矩形截面梁试件，其中 7 根为无腹筋梁试件，7 根为有腹筋梁试件。各试件的具体尺寸和基本参数见表 6-10，典型试件的配筋设计见图 6-19。

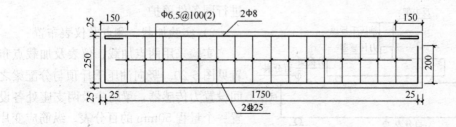

图 6-19 试件 RB-2-100 的配筋示意

试件编号	截面宽度 b (mm)	梁长 (mm)	净跨 (mm)	f_{cu1} (MPa)	剪跨长度 a (mm)	剪跨比 λ
RB-1	149	1800	1500	48.8	263	1.0
RB-1.5	147	1800	1500	48.8	394	1.5
B-2	146	1800	1500	49.0	525	2.0
RB-2	148	1800	1500	49.0	525	2.0
RB-2-150	154	1800	1500	47.0	525	2.0
RB-2-100	149	1800	1500	47.0	525	2.0
RB-2.5	144	2300	2000	53.4	656	2.5
B-3-150	152	2300	2000	47.1	788	3.0
RB-3	147	2300	2000	53.4	788	3.0
RB-3-150	156	2300	2000	47.1	788	3.0
RB-3-100	145	2300	2000	50.4	788	3.0
RB-4	150	2900	2600	51.5	1050	4.0
RB-4-150	147	2900	2600	53.0	1050	4.0
RB-4-100	150	2900	2600	53.0	1050	4.0

　　梁截面 150mm×300mm，有腹筋梁的上部架立筋和箍筋分别采用直径 8mm 和 6.5mm 的 HPB300 级钢筋，有腹筋梁和无腹筋梁的下部受拉钢筋采用直径 25mm 的 HRB400 级钢筋（受拉配筋率 2.5%），纵筋保护层厚度 25mm。实验实测受拉钢筋和箍筋的屈服强度分别为 414.4MPa 和 346.0MPa。试件有效高度 262.5mm，混合比 η 为试件中废弃混凝土质量与全部混凝土质量之比，RB 试件取值 20%，f_{cu1} 为实验现浇混凝土的实测立方体抗压强度，f_{cu2} 为废弃混凝土的实测立方体抗压强度，实验 f_{cu2} 为 32.9MPa；剪跨比为 λ。试件编号中，RB 表示再生混合钢筋混凝土梁，B 表示常规混凝土梁，第 1 个数字为 λ，第 2 个数字为有腹筋梁的箍筋间距。

　　梁试件采用矿渣硅酸盐水泥 P.S.R32.5、中砂、最大粒径 20mm 的碎石。废弃混凝土采用本科教学实验多余的钢筋混凝土梁，将去除了保护层、纵筋、箍筋之后的核心部分，制备成块体备用（特征尺寸 50~80mm）。按预定尺寸制作模板，将绑扎好的钢筋置于模板内。首先浇筑一层厚约 30mm 的新混凝土，然后将废弃混凝土块体和新混凝土交替置入模板内并不断振捣，直至浇筑完成。浇筑时预留多个边长 150mm 的立方体试块，进行同条件养护。

　　2）实验加载、测点及仪表布置

　　实验采用两点加载，仪表及加载点布置见图 6-20。竖向油压千斤顶与分配梁之间设置力传感器，梁跨中及两支座处各设置一个量程 50mm 的百分表。纵筋应变片在梁跨中以及加载点与支座之间对称布置（共计 7 个），无腹筋梁加载点与支座之间

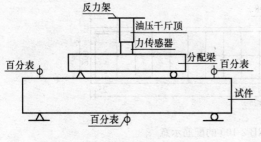

图 6-20　仪表及加载点布置图

的纵筋应变片等间距布置，但箍筋的存在使得有腹筋梁跨中与支座之间的纵筋应变片无法实现等间距布置，图 6-21 所示为典型试件的纵筋应变片布置。箍筋应变片沿加载点至支座连线方向共设置 3 个，图 6-22 所示为典型试件的箍筋应变片布置。纵筋和箍筋应变片采用电阻式应变片。

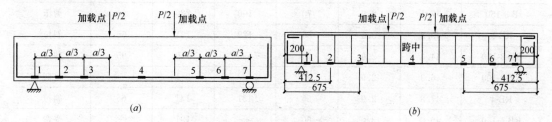

图 6-21　部分试件的纵筋应变片布置

(a) 无腹筋梁；(b) RB-3-150

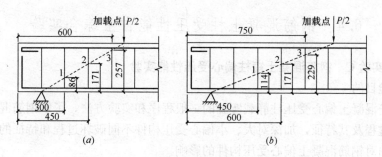

图 6-22　部分试件的箍筋应变片布置

(a) RB-2-150；(b) RB-3-150

正式加载前先预压 10kN，使加载系统各部分之间接触良好并检查各仪表是否工作正常。正式加载时，每级荷载约为预估极限荷载的 10%，持荷 3min 后采集相关数据。接近预估开裂荷载时，适当降低每级荷载增量以期较准确地获取实际开裂荷载。

（5）实验参考结果

实验对梁试件分别进行加载至极限破坏，各试件的开裂荷载、极限荷载及破坏特征见表 6-11。由表知，有腹筋再生混合钢筋混凝土梁试件的开裂荷载、受剪承载力和破坏荷载几乎与有腹筋常规混凝土梁试件相同，剪跨比、配箍率对有腹筋试件影响有限。

实验梁具体尺寸及基本参数　　表 6-11

试件编号	f_{cu2} (MPa)	f_t (MPa)	开裂荷载 P_{cr} (kN)	极限荷载 P_u (kN)	破坏荷载 P_v (kN)	受剪承载力 V (kN)	破坏特征
RB-1	45.6	2.8	150	481	481	241	斜压
RB-1.5	45.6	2.8	130	320	342	160	剪压
B-2	49.0	3.0	120	210	281	105	剪压
RB-2	45.8	2.9	90	180	212	90	剪压
RB-2-150	44.2	2.8	90	270	296	135	剪压
RB-2-100	44.2	2.8	120	350	361	175	剪压

试件编号	f_{cu2} (MPa)	f_t (MPa)	开裂荷载 P_{cr} (kN)	极限荷载 P_u (kN)	破坏荷载 P_V (kN)	受剪承载力 V (kN)	破坏特征
RB-2.5	49.3	3.0	75	150	195	75	剪压
B-3-150	47.1	2.9	70	190	220	95	剪压
RB-3	49.3	3.0	85	120	131	60	斜拉
RB-3-150	44.7	2.8	70	190	219	95	剪压
RB-3-100	46.9	2.9	90	—	241	—	受弯
RB-4	47.8	2.9	55	131	131	65	斜拉
RB-4-150	49.0	3.0	60	—	191	—	受弯
RB-4-100	49.0	3.0	70	—	191	—	受弯

6.4 钢筋混凝土柱受压性能自主综合实验

6.4.1 实验 C 钢筋混凝土短柱偏心受压性能实验

（1）实验目的

掌握钢筋混凝土偏心受压柱静载实验的一般程序和实验方法，了解钢筋混凝土偏心受压柱的破坏过程及其特征，加深对大、小偏心受压构件不同破坏过程和特征的理解。实验理解纵向弯曲对钢筋混凝土偏心受压构件的影响。

（2）实验内容

观测记录实验过程中柱端部和中部的侧向位移或挠度、受力主筋的应变和混凝土受压边缘的压应变、柱中部受压区混凝土应变。记录、观察梁的开裂荷载和开裂后各级荷载下裂缝的发展情况（包括裂缝分布和最大裂缝宽度 w_{max}），记录试件柱破坏时裂缝分布情况。观察实验柱的破坏形态，记录柱的破坏荷载和混凝土极限压应变。

（3）实验设备与仪表

长柱压力实验机、荷载传感器；测挠度用百分表支架和百分表、手持式引伸仪（标距10cm）；测应变用电阻应变仪及平衡预调箱；裂缝观察镜和裂缝宽度量测卡或裂缝观测仪或裂缝塞尺，用于裂缝宽度测量。

（4）试件、实验方法

1）梁试件设计与制作

试件设计参考图 6-23，受压主筋①号筋采用 φ10 的 HPB300 级钢筋，实验前预留三根长500mm 的①号钢筋，用作测试其应力应变关系。混凝土按 C20 配合比制作，在浇筑混凝土时，同时浇筑三个 150mm×150mm×150mm 的立方体试块，用作测定混凝土的强度等级。

进行混凝土和钢筋力学性能实验，测定材

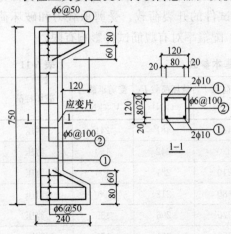

图 6-23 短柱配筋设计参考图

料强度；试件两侧用稀石灰刷白试件，用墨斗弹上正交网格，以便观测裂缝，粘贴应变片；并标出各截面中心线，测点位置线，偏心荷载着力点等。实验分为两组分别进行大偏心受压实验（$e_0 = 100mm$）和小偏心受压实验（$e_0 = 20mm$），实验前根据实验柱的截面尺寸、配筋数量和材料强度标准值和偏心距计算实验柱的承载力。

以上配筋设计仅供参考，短柱的截面尺寸、配筋数量和各材料强度等级各组根据本组实验目的自行设计取用。自主实验时，梁的截面可以各根据实际中工程需要设计为异型截面（非矩形截面，如 T 形 I 字形等参见图6-24），原则是受力合理、各尽其才。

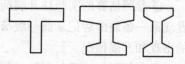

图 6-24　截面设计参考图

混凝土材料强度等级可以关注 C20～C30，根据工程需要可以选用各种矿物掺合料混凝土、纤维混凝土（钢纤维、碳纤维、玻璃纤维、玄武岩纤维等），关注不同掺量下混凝土性能、混凝土梁正截面工作性能。

2）短柱加载及仪表布置

实验加载及测点布置，参见图 6-25。

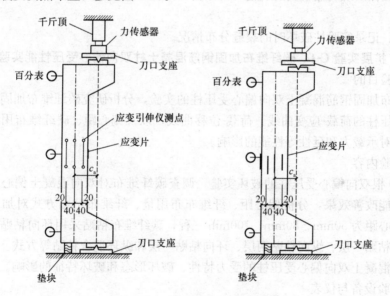

图 6-25　实验装置及测点布置

实验柱支承于台座上，通过单刀铰支座加载，由荷载传感器读取荷载读数。在柱两端和中部侧向各布置一个百分表。在柱中部侧面布置三排应变引伸仪测点，也可应变片替换。在柱中部受压侧布置一只应变片。在柱中部受力主筋上各布置一只应变片，共计4 只。

3）实验加载步骤

①安装实验柱，按拟定的偏心距调整实验柱上加载点的位置，布置仪表，要求实验柱垂直、稳定、荷载着力点位置正确、接触良好，并做好实验柱的安全保护工作。

②记录试件短柱编号、尺寸、配筋数量和有关数据及指标。

③检查仪表，调整仪表并记录仪表初读数。对实验柱进行预加载，利用荷载传感器进行控制，加荷值可取破坏荷载的 10%，分三级加载，每级稳定时间为 1min，然后卸载，

加载过程中检查实验仪表是否正常。

④利用压力机控制进行分级加载（实验柱出现裂缝前，每级荷载可定为其估算破坏荷载的1/10左右，试件梁出现裂缝后，每级荷载可定为估算破坏荷载的1/5左右）。相邻两级加载的时间间隔，在实验柱出现裂缝前为3~5min，在实验柱出现裂缝后为5~10min。

⑤参照估算的实验柱开裂荷载值，分级缓慢加载，加载间隙注意观察裂缝是否出现。发现第一条裂缝后记录前一级荷载下压力机荷载读数。在第一条裂缝出现后继续观察裂缝的出现和开展情况。

⑥在每级加载后的间歇时间内，认真观察实验柱上是否出现裂缝，加载后持续2min后记录电阻应变仪、百分表和手持式应变仪读数。

⑦在所加荷载约为实验柱估算的破坏荷载的60%~70%时，用读数放大镜测读实验柱上最大裂缝宽度、用直尺量测裂缝间距。当达到实验柱极限荷载的90%时，改为按估算极限荷载的5%进行加载，直至实验柱达到极限承载状态，记录实验柱承载力实测值。

⑧当实验柱出现明显较大的裂缝时，撤去百分表，加载至实验柱破坏，记录压力机荷载读数。

⑨卸载。记录实验柱破坏时的裂缝分布情况。

6.4.2 扩展实验 C-1 碳纤维布加固钢筋混凝土柱双向偏心受压性能实验

（1）实验目的

碳纤维布加固钢筋混凝土双向偏心受压柱的实验，分析研究碳纤维布加固钢筋混凝土双向偏心受压柱的荷载-应变曲线、荷载-位移曲线，以及偏心距、碳纤维布用量、碳纤维布粘贴方式对承载力和延性等性能的影响。

（2）实验内容

开展10根双向偏心受压柱的破坏实验，调查碳纤维布对双向混凝土偏心受压柱的受力和变形性能改善效果，分析偏心距、纤维布用量、纤维布粘贴方式对加固效果的影响。其中偏心距为50mm、80mm、100mm三种，碳纤维布粘贴采用环向粘贴及环纵混合粘贴、纵向粘贴一层、纵向粘贴两层、环向粘贴一层和纵环混合粘贴等方式。调研碳纤维布加固钢筋混凝土双向偏心受压柱的受力特性、破坏形态和破坏特征的影响。

（3）实验设备与仪表

长柱压力实验机、荷载传感器、球形支座或双向正交刀口支座；测挠度用百分表支架和百分表、手持式引伸仪；测应变用电阻应变仪及平衡预调箱；裂缝观察镜和裂缝宽度量测卡或裂缝观测仪或裂缝塞尺，用于裂缝宽度测量。

（4）试件、实验方法

1）梁试件设计与制作

实验用的混凝土配合比水：水泥：砂：石子为0.46：1：1.91：2.63。采用P.O42.5R普通硅酸盐水泥，中砂，碎石，拌合水采用自来水。混凝土立方体强度实测标准值27.2MPa；HPB300级钢筋极限强度352.9MPa，HRB335级钢筋388.2MPa；XEC-200型碳纤维布性能指标：抗拉强度3500MPa、弹性模量230000MPa、单层厚度0.1111mm、密度1.8g/cm³。

实验共制作10根钢筋混凝土方柱。为了便于施加偏心荷载，试件端部设计成牛腿状，受拉钢筋弯入其中兼作斜向受压钢筋。在柱端部 100mm 范围内设计环向包裹碳纤维布，避免柱端部局部受压破坏。设计时取长细比 $l/b=8$，截面尺寸为 150mm×150mm，柱高为 1200mm。实验采用对称配筋，纵筋选用 HRB335 级 4 Φ 14，箍筋选用 HPB300 级 ϕ8。具体截面尺寸及配筋图如图 6-26 所示，碳纤维布粘贴情况如图 6-27 所示。试件分组情况如表 6-12 所示。

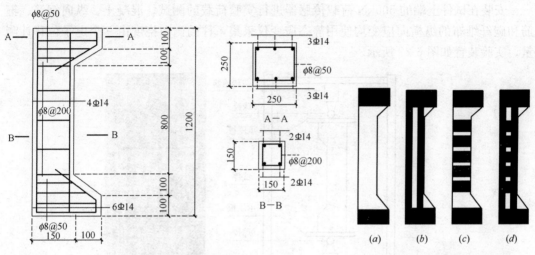

图 6-26　试件截面尺寸及配筋图

图 6-27　碳纤维布加固形式
(a) 无；(b) 纵向；(c) 环向；
(d) 纵环向

梁试件分组及碳纤维布加固参数　　　　　　　　表 6-12

试件编号	偏心距	加固形式	间距及宽度
D1L1		对比柱	无
D1Z1		受拉面纵向一层	条带 50mm、间距 50mm
D1Z2	$e_x=100mm$	受拉面纵向二层	条带 50mm、间距 50mm
D1H1	$e_y=100mm$	环向一层	条带 100mm、间距 100mm
D1ZH		纵环向各一层	受拉面纵向一层条带 50mm、间距 50mm 环向一层条带 100mm、间距 100mm
D2L1	$e_x=80mm$	对比柱	无
D2Z1	$e_y=80mm$	受拉面纵向一层	条带 50mm、间距 50mm
X1L1		对比柱	无
X1H1	$e_x=50mm$	环向一层	条带 100mm、间距 100mm
X1ZH	$e_y=50mm$	纵环向各一层	受拉面纵向一层条带 50mm、间距 50mm 环向一层条带 100mm、间距 100mm

2）加载及仪表布置

加载规则为正式加载前，先进行预加载，预加载值约为计算极限荷载的 20%，使构件进入正常工作状态，使变形和荷载的关系趋于稳定。正式加载采用分级加载，每级荷载约为极限荷载的 10%，加载达到极限荷载的 90% 以后，按极限荷载的 5% 增加，每级荷载持荷 10min。只有在某级荷载作用下变形稳定的情况下，才继续加下一级荷载。

对于双向偏心受压结构构件，两端应分别设置球形支座或双向正交刀口支座。本实验采用的是球形支座。球铰安装时上下端应在同一直线上，球铰的中心线应垂直于构件发生纵向弯曲所在平面，并应与实验机的中心线重合；球铰中心线与构件截面形心间的距离为加载偏心距。

安装在试件上端的 500kN 荷载传感器进行实验荷载的测试。混凝土、纵向钢筋、箍筋和碳纤维布的纵横向应变均使用静态应变仪采集，柱的侧向挠度由 9 个电子位移计测量。实验装置如图 6-28 所示。

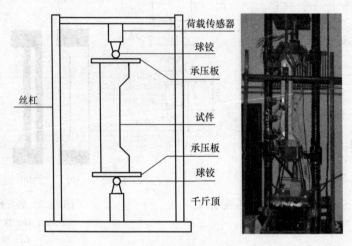

图 6-28　实验装置示意图

为了防止承载垫板局部压坏或弯曲，实验中采用的上下钢垫板厚度为 15mm。在安装试件时，首先将机械千斤顶中心线，荷载传感器中心线，球铰中心与柱的加载点对齐，然后连接导线、放置位移计、进行加载。

混凝土电阻应变片粘贴位置如图 6-29 所示，纵筋和箍筋电阻应变片粘贴位置如图 6-30所示。在试件外侧高度的 1/2 以及 1/4、3/4 和 1/8、3/8 处分别布置了 9 个电阻位移计来测量柱的位移沿柱高的变化。荷载值由试件上方的 500kN 荷载传感器读取。

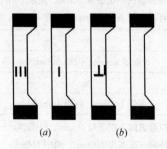

图 6-29　混凝土应变片布置

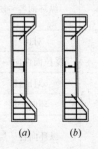

图 6-30　纵筋及箍筋应变片布置
(a) 受拉面布点图；(b) 受压面布点图

(5) 实验参考结果

实验柱都达到极限破坏状态，有关各柱子的承载力如表 6-13 所示。

试件编号	偏心距	加固形式	承载力（kN）	提高程度（%）
D1L1		对比柱	87.5	0
D1Z1	$e_x=100mm$ $e_y=100mm$	受拉面纵向一层	105	20
D1Z2		受拉面纵向二层	112.5	28.5
D1H1		环向一层	92.5	5.7
D1ZH		纵环向各一层	127.5	45.7
D2L1	$e_x=80mm$ $e_y=80mm$	对比柱	110	0
D2Z1		受拉面纵向一层	130	18.2
X1L1	$e_x=50mm$ $e_y=50mm$	对比柱	190	0
X1H1		环向一层	225	18.1
X1ZH		纵环向各一层	250	31.5

本章主要参考文献

[1] 国家标准．混凝土结构实验方法标准 GB/T 50152—2012．北京：中国建筑工业出版社，2012.

[2] 国家标准．混凝土结构设计规范 GB 50010—2010．北京：中国建筑工业出版社，2010.

[3] 姚振纲，刘祖华．建筑结构实验[M]．上海：同济大学出版社，1996.

[4] 张曙光．建筑结构实验[M]．北京：中国电力出版社，2005.

[5] 杨德建，王宁．建筑结构实验[M]．武汉：武汉理工大学出版社，2006.

[6] 刘明，陈平．土木工程结构实验与检测[M]．北京：高等教育出版社，2008.

[7] 金伟良，赵羽习．锈蚀钢筋混凝土梁抗弯强度的实验研究[J]．工业建筑，2001，31(5)：9-11.

[8] 张伟平，王晓刚，顾祥林．碳纤维布加固锈蚀钢筋混凝土梁抗弯性能研究[J]．土木工程学报，2010，43(6)：34-41.

[9] 王小亮．高强钢筋混凝土梁受弯性能实验研究[D]．天津：天津大学，2007.

[10] 中国工程建设标准化协会．纤维混凝土结构技术规程（CECS38：2004）[S]．中国计划出版社，2004.

[11] 卞祝．钢纤维高强钢筋混凝土梁受剪性能实验研究[D]．马鞍山：安徽工业大学，2013.

[12] 张玉成．碳纤维布加固钢筋混凝土梁抗剪性能研究[D]．武汉：武汉大学，2005.

[13] 吴波，许喆等．再生混合钢筋混凝土梁受剪性能实验研究[J]．建筑结构学报，2011，32(6)：13-21.

[14] 师利文．碳纤维布加固钢筋混凝土双向偏心受压柱的实验研究[D]．呼和浩特：内蒙古工业大学，2009.

第7章　钢结构自主实验

7.1　钢屋架杆件受载性能实验

7.1.1　目的

（1）掌握常用加载设备的使用、量测仪器仪表的安装与使用、测点布置等基本实验技能；

（2）完成本实验项目的各项量测与计算内容，并编写实验报告；

（3）学习科学研究（实验研究）的基本方法，培养学生实验操作能力、综合分析和解决问题的能力；

（4）结合自己的实验目的，验证结果。

7.1.2　方案引导

（1）可以分析对象为某一节点挠度和某一上、下弦杆的杆件应力。根据不同组别的实验要求，分析对象由各组单独确定；

（2）可以分析受载钢屋架的变形及判断腹杆中的零杆，预估实验结果；

（3）结合实验室条件，可以将钢屋架支承于台座上，通过油泵加载装置对钢屋架上弦节点施加荷载，施加的最大荷载为 $P=50\mathrm{kN}$。根据不同组别的实验要求，加载工况分为对称加载和 1/4 跨加载，如图 7-1 所示。

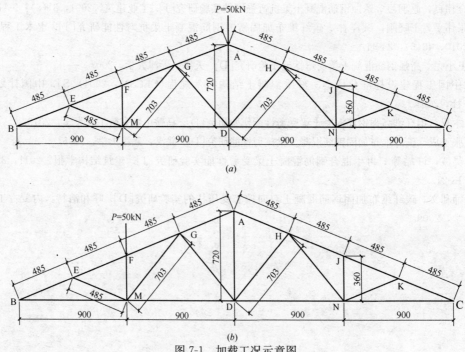

图 7-1　加载工况示意图
（*a*）对称加载工况；（*b*）1/4 跨加载工况

7.1.3 实验举例：钢屋架 AG 杆杆件应力和 G 点挠度实验

1. 实验目的

（1）巩固理论知识，理论分析受载钢屋架的应力情况，利用结构力学知识计算 AG 杆件内力和 G 点的挠度值；

（2）掌握应变片粘贴技术；

（3）学会测点布置等基本实验技能；

（4）通过量测与计算，结合理论计算，分析结果并编写实验报告。

2. 理论计算

（1）根据实验模型，确定理论计算简图（图 7-2）。

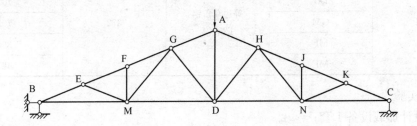

图 7-2 理论计算简图

（2）利用结构力学的知识，计算杆件内力。

（提示：根据力的平衡条件求解，可以参考结构力学教材中关于"静定结构受力分析"的相关内容，例如：王焕定等主编. 结构力学，高等教育出版社）

（3）利用结构力学的知识，计算 G 点的挠度值。

（提示：采用单位荷载法求解，可以参考结构力学教材中关于"结构位移计算"的相关内容，例如：王焕定等主编. 结构力学，高等教育出版社）

3. 试件、实验材料准备

（1）实验对象为一榀钢屋架，其几何尺寸如图 7-3 所示（备注：AD 为对称轴）。

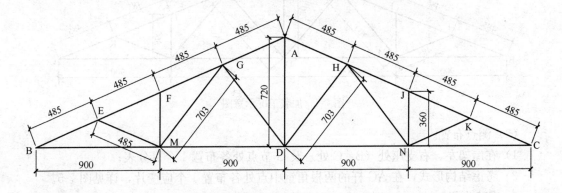

图 7-3 结构几何尺寸（mm）

（2）杆件材料为 Q235 钢材，截面如表 7-1 所示。

结构参数表

表 7-1

杆件	位置	截面形式	截面积（mm²）	长度（mm）
上弦杆	AG	等边双角钢 L63×4	996	485
	GF			
	FE			
	EB			
下弦杆	BM	等边双角钢 L45×4	698	900
	MD			
腹杆	AD	等边双角钢 L25×4	372	720
	DG			703
	GM			703
	MF			360
	ME			485

（3）实验

1）设计加载设备1套；

2）选择合适量程的百分表3个；

3）选择静态电阻应变仪1套；

4）电阻应变片及导线若干。

4．实验方案确定

（1）分析对象。结合实验目的分析对象为 AG 上弦杆的杆件应力。

（2）加载方案确定。将钢屋架支承于台座上，通过油泵加载装置对钢屋架上弦节点施加荷载，施加的最大荷载为 $P=50kN$，如图 7-4 所示。

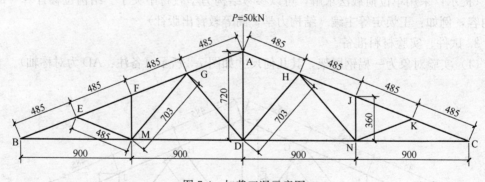

图 7-4　加载工况示意图

（3）测点布置。

1）在屋架左、右支座处（B、C 处）及 G 节点处各布置 1 个百分表；

2）考虑结构形式，在 AG 杆的两根角钢中点处各布置 1 个应变片，详见图 7-5。

5．实验步骤

（1）粘贴应变片并联线调试；

（2）安装试件，安装各仪器仪表；

（3）加载制度表的制定：确定每级加载量和恒载时间；

（4）预压（数值可按理论设计荷载的1/5左右），检查各种仪器设备工作是否正常，记录百分表和应变仪的初读数；

（5）正式加载：加载一般采用分级加载，每级荷载的大小可按理论设计荷载值 P =50kN 的 1/5 进行加载（应变仪初始读数归零）；

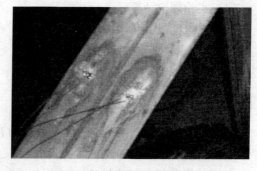

图 7-5　应变片粘贴示意图

（6）每级荷载下待应变值基本稳定后（大致 5min），认真读取应变仪和百分表读数，并仔细观察构件的变化情况。

6. 实验数据记录

（1）应变仪读数记录表：（应变仪初始读数归零）见表 7-2。

应变仪读数记录表　　　　　　　　　表 7-2

荷载　　　　测点	1		2	
P	读数	$\Delta\varepsilon$	读数	$\Delta\varepsilon$

（2）百分表读数记录表见表 7-3。

百分表读数记录表　　　　　　　　　表 7-3

荷载　　　　位移	表 1（左支座）			表 2（右支座）			表 3（待测节点）			挠度 f
P	读数	Δ	$\Sigma\Delta$	读数	Δ	$\Sigma\Delta$	读数	Δ	$\Sigma\Delta$	

7. 数据处理

（1）根据实验数据记录表中各级荷载作用下的应变仪数据，计算待测杆件的应力，并与理论计算值比较；

（2）根据实验数据记录表中各级荷载作用下的百分表数据，计算待测节点的挠度，并与理论计算值比较；

（3）根据数据处理结果，将直角坐标系 Y 轴设为 P（荷载），X 轴设为 ε（应变）及 f（挠度），绘制荷载应变（P-ε）和荷载挠度（P-f）曲线；

（4）根据实验结果，判断结构是否安全。

8. 实验报告内容

（1）实验目的；

（2）实验详细内容和要求；

（3）主要仪器设备；

（4）实验理论计算：

1）节点挠度理论计算；

2）杆件应力理论计算；

（5）数据记录与处理：

1）应变处理与计算；

2）挠度处理与计算；

3）绘制荷载应变（$P\text{-}\varepsilon$）和荷载挠度（$P\text{-}f$）曲线图；

4）其他图表；

（6）结果分析与相应结论；

（7）附：组员分工及实验过程照片。

7.1.4 其他自主实验的延伸

结合目前提供的钢屋架，在实验实例的基础上，可以测量钢屋架上、下弦杆和腹杆中的任意一根杆件的内力情况，以及任意节点的位移值，其实验方法可以参照实例。

还可以改变加载方式，如钢屋架 1/4 处加载实验，来完成上述实验，方法一致。

7.2 门式刚架受载性能实验

7.2.1 目的

（1）掌握常用加载设备的使用、量测仪器仪表的安装与使用、测点布置等基本实验技能；

（2）完成本实验项目的各项量测与计算内容，并编写实验报告；

（3）学习实验研究的基本方法，培养学生实验操作能力、综合分析和解决问题的能力；

（4）掌握门式钢架实验的步骤与方法；

（5）结合自己的实验目的，验证结果。

7.2.2 方案引导

（1）可以分析受载门式刚架的水平变形，预估实验结果；

（2）可以分析受载门式刚架的侧柱沿竖向的应力分布。

结合实验室条件，可以将门式钢架支承于台座上，通过油泵加载装置对钢屋架上弦节点施加水平荷载，如图 7-6 所示。

7.2.3 实验举例：门式钢架 D 点的水平位移实验

1. 实验目的

（1）巩固理论知识，分析和计算门式钢架 D 点的理论位移值；

（2）学会实验方案的制定；

（3）学会挠度测点的布置技能；

（4）通过实验量测与计算，结合理论值，分析结果；

（5）学会编写实验报告。

2. 理论计算

（1）根据实验计算模型，确定理论计算简图。

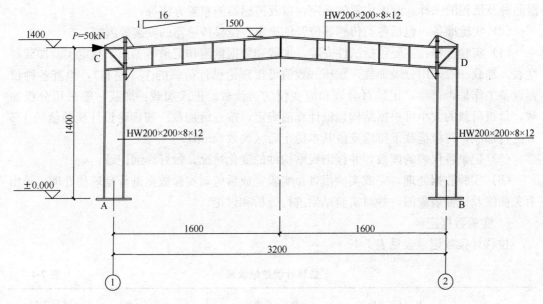

图 7-6　结构示意图（mm）

（提示：梁柱刚接，支座固定铰接）

（2）利用结构力学的知识，计算 D 点的节点位移。

（提示：首先根据力法，求解超静定结构的支座反力，可以参考结构力学教材中关于
"力法"的相关内容，例如：王焕定等主编，结构力学，高等教育出版社；其次可以按静
定结构分别求解各种外力作用下的 D 点位移，与前述求挠度值实验类似；最后将不同外
力作用下的 D 点位移进行叠加，得到超静定结构在外荷载作用下的位移）

3. 试件、实验材料准备

（1）实验对象为一榀门式刚架，杆件材料为 Q235 钢材，其几何尺寸及构件截面见图
7-6 所示。

（2）实验设备：

1）设计加载设备一套；

2）选择合适量程的位移计。

4. 实验方案确定

（1）分析对象。结合实验目的分析对象为 D 节点的水平位移测定。

（2）加载方案确定。将门式钢架安装在实验台座上，通过油泵、作动器等加载装置对
C 节点施加荷载，施加的最大荷载为 P=50kN，如图 7-6 所示。

（3）测点布置：

1）在钢架左、右支座处，即 A 和 B 处各布置一个百分表；

2）在钢架及节点水平处布置一个百分表。

5. 实验步骤

（1）理论分析受载钢屋架的应力和变形，明确本次实验要解决的问题，预估实验结
果，预测实验的结果；

（2）实验装置和实验测试方案的设计：主要包括加载装置设计、测试主要内容、传感

器品种及量程的选择、测试位置的确定，以及传感器的布置方法等；

（3）实验准备：包括各类传感器位置的确定，位移传感器的安装等内容；

（4）实验过程：主要包括试件安装，加载和数据量测和记录等工作，制定实验加载制度表。加载一般采用分级加载，预压（数值可按理论设计荷载的 1/5 左右），检查各种仪器设备工作是否正常，记录百分表和应变仪的初读数。正式加载：加载一般采用分级加载，每级荷载的大小可根据结构理论计算值确定，按五级加载。按理论设计荷载值的 1/5 分进行加载，每级荷载下待应变值基本稳定后（大致 5min）；

（5）记录各仪表的读数，并仔细观察构件的变化情况，做好详细记录；

（6）实验数据处理，完成实验报告：实验完成后应对实验数据进行整理和处理，画出有关曲线及试件表象图，并对实验结果进行分析和讨论。

6. 实验数据记录

位移计读数记录表见表 7-4。

位移计读数记录表 表 7-4

荷载 位移	表 1（左支座）			表 2（右支座）			表 3（D 点）			水平变形 u
P	读数	Δ	$\Sigma\Delta$	读数	Δ	$\Sigma\Delta$	读数	Δ	$\Sigma\Delta$	

7. 实验结果要求

（1）根据实验数据记录表中各级荷载作用下的位移计数据，计算待测点的水平变形，并与理论计算值进行比较；

（2）根据数据处理结果，绘制荷载挠度（P-f）曲线；

（3）根据实验结果，结合实验目的，分析比较实验值与理论值差异的原因。

8. 实验报告内容与要求

（1）实验目的；

（2）实验详细内容和要求；

（3）主要仪器设备；

（4）实验理论计算：D 节点水平位移理论计算过程；

（5）数据记录与处理：

1）水平位移记录与处理；

2）绘制荷载挠度（P-f）曲线等；

3）其他图表；

（6）结果分析与相应结论；

（7）附：组员分工及实验过程照片。

7.2.4 其他自主实验的延伸

结合目前提供的门式钢架，在实例的基础上，还可以测量其他节点的水平位移值或者竖向位移，其实验方法可以参照实例。

7.3 自 主 选 题

7.3.1 实验目的

在学生完成专业课程的理论学习和掌握基本实验技术的基础上，结合实验室现有设备条件，参考 7.1 节实验和 7.2 节实验，让学生自主设计其他内容的实验项目、制定实验方案，充分发挥学生的主观能动性，培养学生自主设计实验的能力。

具体可参考下列内容（但不限于）：

(1) 钢屋架中，同一荷载作用下，上、下弦杆和腹杆的受力比较；

(2) 钢屋架中，节点简化为铰接的合理性；

（提示：分析杆件端部是否存在弯矩，或杆件是否为二力杆）

(3) 钢屋架中，不同荷载作用方式下，分析同一杆件的受力变化；

(4) 钢屋架中，零杆的判断、验证与分析；

（提示：首先根据结构力学的知识分析结构在外荷载作用下是否存在零杆。如果存在，利用实验去验证和分析）

(5) 门式钢架中，某一节点的应力分布情况；

（提示：着重分析节点区域的应力集中现象）

(6) 普通钢梁的截面应力分布；

（提示：分析门式刚架中的钢梁在外荷载作用下，在某一位置处（譬如跨中），沿着梁截面高度的应力分布）

(7) 分析压杆的稳定问题；

（提示：分析门式刚架中的钢柱在外荷载作用下，受压柱的稳定问题）

(8) 分析梁柱节点的连接方式。

（提示：分析门式刚架中梁柱节点的半刚性连接性能）

7.3.2 基本要求

根据实验室现有设备，由学生提出实验目的，确定方案，经指导老师审核后，进行自主实验计算、准备、实验。写出实验报告，对实验结果是否达到预定目标进行讨论。实验结果不论优劣，重在培养自主创新的精神和技能。

7.3.3 实验报告内容与要求

(1) 实验目的；

(2) 实验详细内容和要求；

(3) 主要仪器设备；

(4) 实验理论计算；

(5) 数据记录与处理；

(6) 结果分析与相应结论；

(7) 附：组员分工及实验过程照片。

本章主要参考文献

[1] 中华人民共和国国家标准. 钢结构设计规范 GB 50017—2003[S]. 北京：中国计划出版社，2003.

［2］　姚谏，夏志斌．钢结构-原理与设计．第二版［M］．北京：中国建筑工业出版社，2011.

［3］　王焕定，章梓茂，景瑞．结构力学．第三版［M］．北京：高等教育出版社，2010.

［4］　余世策，刘承斌．土木工程结构实验——理论、方法与实践［M］．杭州：浙江大学出版社，2010.

［5］　孙楠，刘东，汪志君．土木工程专业多样化实践教学模式的构建与实践．［J］．高等建筑教育，2009，18(3)：108-111.

［6］　潘睿．构建土木工程专业实践教学新体系的研究［J］．高等建筑教育，2008，17(3)：103-105.